国际时尚设计丛书·服装

英国
服装款式图
技法

［英］贝莎·斯库特尼卡 著

陈 炜 译

中国纺织出版社

内容提要

服装款式图（服装平面图）的绘制是服装从业者需要掌握的基本技能。服装款式图为制板和缝制传递设计思想和服装结构，因此要求款式图绘制要准确，以避免在样衣与成衣的生产中产生错误。本书采用循序渐进的方法讲解了服装款式图的绘制过程，并介绍了一些快捷实用的技巧，能为那些手绘或利用Adobe Illustrator软件绘制服装款式图的读者提供帮助。本书提供了400多幅服装式样和结构细节的款式图，并针对服装基本款，专门采用了白坯样衣进行展示。这种展示方式揭示了三维立体服装与二维平面图之间的转换关系，有助于读者理解服装款式图的绘制方法。

原文书名 Technical Drawing for Fashion
原作者名 Basia Szkutnicka
Text© 2010 central saint martins college of art & design, The University of the Arts London.
Translation © 2012 China Textile & Apparel Press
Published in 2010 by Laurence King Publishing in association with Central Saint Martins College of Art & Design. The content of this book has been produced by Central Saint Martins Book Creation, Southhampton Row, London, WC1B 4AP.

本书中文简体版经Laurence King授权，由中国纺织出版社独家出版发行。
本书内容未经出版者书面许可，不得以任何方式或任何手段复制、转载或刊登。
著作权合同登记号：图字：01-2011-4027

图书在版编目（CIP）数据

英国服装款式图技法 /（英）斯库特尼卡著；陈炜译.—北京：中国纺织出版社，2013.1（2016.11重印）

（国际时尚设计丛书·服装）

书名原文：Technical Drawing for Fashion

ISBN 978-7-5064-9275-1

Ⅰ.①英… Ⅱ.①斯…②陈… Ⅲ.①服装款式—绘画技法 Ⅳ.①TS941.28

中国版本图书馆CIP数据核字（2012）第238955号

策划编辑：李春奕　白玉力　　责任编辑：李春奕　　特约编辑：王　璐
版权编辑：徐屹然　　责任校对：寇晨晨　　责任设计：何　建　　责任印制：何　艳

中国纺织出版社出版发行
地址：北京市朝阳区百子湾东里A407号楼　邮政编码：100124
销售电话：010—87155894　　传真：010—87155801
http://www.c-textilep.com
E-mail: faxing@c-textilep.com
官方微博 http://weibo.com/2119887771
北京通天印刷有限责任公司印刷　各地新华书店经销
2013年1月第1版　2016年11月第3次印刷
开本：889×1194　1/16　印张：14
字数：295千字　定价：48.00元

凡购本书，如有缺页、倒页、脱页，由本社图书营销中心调换

序言

在服装工业中，服装款式图（服装平面图）的绘制是相关从业者需要掌握的一项基本技能。在服装生产的过程中，服装款式图是传递设计理念、表现服装结构、廓型、比例和细节的有效方式。服装款式图应用范围广泛，在系列款式图、成本核算表、产品规格表、纸样、流行趋势发布、时尚宣传册以及销售目录中均有应用。

服装生产加工业遍布世界各地，服装款式图为我们提供了一个通用的、可视化的语言交流方法，它能够帮助我们克服语言与技术交流的障碍，有效提高生产效率，减少由于每个人理解不同造成的失误。

通过本书，你可以学到如何运用服装款式图去表达设计思想。我们从基础模板开始，对其调整后用以绘制各种服装款式图，这时既可以手绘，也可以运用CAD进行绘制，还可以将两者结合起来使用。在本书中手绘和CAD绘制的方法均有演示，其中CAD采用的是Adobe Illustrator软件。本书不仅仅是教授读者如何绘制服装款式图，还要传达一种基本的理念，传授一种技巧。由于任何人绘制的服装款式图不可能完全相同，所以本书为读者留下了展现自己风格的空间。

本书演示的服装款式图的绘制技法，可以运用于服装业的各个相关领域、部门等。书中介绍的"快速设计"方法，是使用人体基础模板画款式图，这个模板可以帮助你创作无数系列款式图和服装的细节图，有利于读者进行创意设计。

服装设计的基本要求是正确认识服装的基本款，掌握服装基础款式和结构的绘制，从而为延伸、创造多样的服装款式打下基础。本书的第二部分提供了服装的经典款和其变化款，同时还介绍了常见的服装基本款和细节。展示服装基本款时，采用了照片和款式图两种展示方法，照片展示的是穿着在人台上，用白坯布制作而成的样衣。两种展示方法结合使用，有利于读者理解从三维服装造型到二维平面款式图的转换过程。

通过本书讲述的这些基本信息，结合循序渐进的学习方法，你就可以绘制自己的人体基础模板了，并利用书中提供的素材，完成自己的服装设计，从而逐渐形成个人独特的绘制风格。

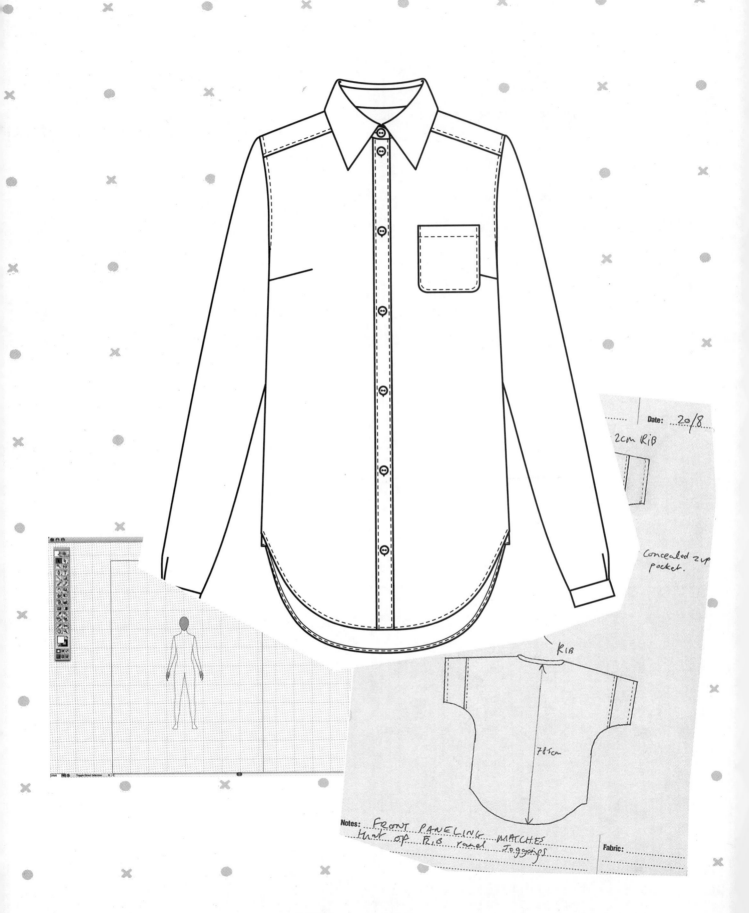

目 录

第一部分　款式图画法及应用

服装设计流程　8

服装款式图的应用　10

服装款式图的画法　18

依照样衣画款式图的注意事项　22

使用基础模板手绘款式图　24

运用Illustrator软件在基础模板上绘制款式图　30

运用Illustrator软件进行快速设计　33

绘制服装款式图的提示和建议　34

给款式图添加颜色、质地和图案　44

不同风格的款式图表达　48

款式类型及细节　50

第二部分　款式与细节图录

图录使用说明　61

连衣裙　62

裙　74

裤装　90

上衣　110

短外套　126

大衣　138

领口　148

衣领　158

衣袖　166

袖口　178

口袋　182

结构细节　184

设计细节　188

装饰设计细节　194

褶　198

缝法　200

线迹　204

扣合件与五金　207

附录　215

第一部分
款式图画法及应用

服装设计流程

服装款式图是服装设计过程中通过视觉方式表达设计意图的一种方法。除此之外,还有服装草图、服装效果图。每种图都有各自独特的特点和功能,因此具有不同的要求和绘制技巧。

服装草图

服装草图,是一种自发、随意且简略的绘画类型,因此不必强求线条的准确和比例的合理,它只代表产生的思想和灵感。它可以源于想象、既定款式或参考素材。当你在做销售报告或收集行业信息时,服装草图有助于你简要记录一款服装的款式及其关键细节,便于后续阶段准确识别。

绘制服装草图是服装设计的重要组成部分,通过绘制草图,可以发挥你的想象、捕捉灵感和提炼主题。在这个阶段,你可以在画纸上不断探索,自由地创作和试验。草图一般是手绘,当然也可以借助其他工具来完成。

服装效果图

服装效果图,旨在渲染和增强气氛,而不表达技术信息。服装效果图用描绘着装的人物形象来反映服装的比例和穿着效果,主要应用于服装广告、杂志、宣传册、样书以及其他形式的宣传。一幅成功的效果图能够表现设计者的个性和设计水平以及服装的轮廓、比例和颜色,从而有助于服装的市场营销。使用服装效果图的目的在于促进服装的销售和品牌的推广。

绘制服装效果图时,创作者可以自由地进行艺术创作,在作品里反映自己的风格和特点,体现激情、力量、敏锐、创新和动感。通常,服装效果图中女性身高以头长为基本测量单位,女性平均身高实际上大约是七个半头长,而为了满足视觉上身材修长的感觉,服装效果图常常夸张地改变女性身体的比例,将身高定为九个或十个头长,以增加身体高度。

当今,服装效果图可以采用各种方式、材料进行绘制,从传统的2D平面设计软件到 3D CAD(计算机辅助设计)软件,均有使用。

服装款式图

服装款式图,在设计者与生产者、设计者与顾客、设计者与外行之间建立了一种直观的、利于交流与指导的平台。它广泛应用于整个服装行业,如设计工作室(用于产品设计与款式系列开发)、生产部门(用于成本核算表与规格表)和市场部门(用于宣传样册和价目表)。

服装款式图又称为服装平面图、服装工程图或服装线描图,款式图能准确表现服装的款式。服装款式图能概括款式细节,表现结构特征,如标明结构线、针迹线、装饰边及细节。服装款式图应按比例进行绘制,力求图形对称、比例合理。通常,当设计完成后,一个准确的款式图就会随之完成。绘制服装款式图时,既可以采用手绘,也可以利用CAD软件完成。

服装款式图的应用

正如我们已经看到的，服装款式图有多种用途，无论是服装专业的学生还是服装设计师，在服装设计与开发中均需要使用。可以手绘服装款式图，也可以使用CAD绘制，以便将款式系列化展示。针对初学者和行业人士，下面介绍服装款式图的主要用途。

服装款式图可以用在服装展示图、开发图、系列图、宣传样册和价目表中。在不影响服装款式结构的基础上，款式图可以注入绘制者的个人风格，绘制者可以利用不同粗细的笔和线条的变化来增加图片的美观性。

不过，如果用于规格表或成本核算时，服装款式图就必须绘制准确，并且附有相关的图表。

服装款式图在教学中的应用

教学中，可以将服装款式图与服装草图、效果图结合起来使用，以便更好地展示服装的结构和比例关系。

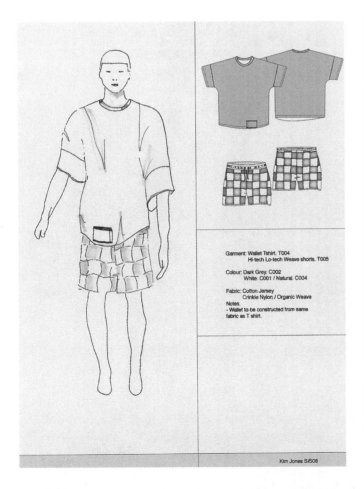

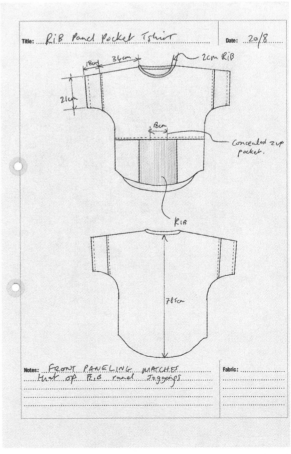

服装系列款式图的应用

这类服装款式图一般是按照系列组合的方式来展示服装，即绘制相关款式和颜色的服装，形成系列款式图。服装系列款式图可用于生产、展示和教学，虽然生产用图（见下图）和展示用图可能比教学用图（见下图）使用更广泛，也更注重细节，但是它们的主要目的都一样，即把相关的款式系列组合，形成一幅整体系列款式图。

对于每一季的服装产品而言，每一个发货箱或发货包的货物都是一个特定的服装组合，配上款式与颜色的系列款式图可以作为发货箱或发货包的图片说明。同时也作为某个时期的重要卖点宣传，该作用的款式图往往需要在一季中的某一特定时间送达店铺。

产品目录中的款式图对于商场的规划者或商人而言是非常有用的，可以针对不同时期商场的销售情况，规划产品的系列组合。商场可以据此确定进货量和销售额。

服装系列款式表

这类图表通常用于生产不用于教学，与规格表中的图片一样，它由款式图组成，用来展示系列中的所有款式。这种用于生产的系列款式图通常采用表格形式，同时附有销售数据、订货数量、交货期限、加工生产与销售价格等相关信息，以便于采购和销售者及时更新产品流程和交货日期。

款式图在宣传样册中的应用

在宣传样册和价目表中，常常在模特走秀的照片或效果图的旁边附有款式图，以便向消费者提供准确的服装信息。

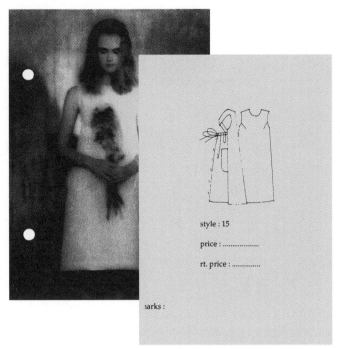

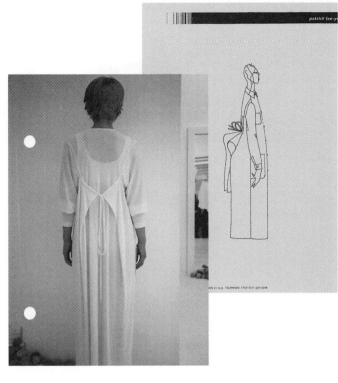

款式图在规格说明书或规格表中的应用

规格说明书或规格表包含的内容有：服装款式图（包括前片图和后片图，如果需要，可以增加侧视图和内视图）；服装生产需要的各种详细尺寸（长度、宽度、围）；有关针迹线类型、缝纫方法；织物、内饰、纽扣配件和特殊后整理的说明建议。有时还需要放大局部细节来突出重要特征。这些内容组合在一起，就形成了一份规格说明书，以确保准确生产。

服装尺寸可以直接标记在款式图上，也可以填写在旁边的表格中。制板人员必须根据规格表中的信息进行制板，而缝纫、裁剪也需依照规格单做出样衣。因此，如果遗漏了某个细节，制作的样衣就会不准确，所以准确性是规格单的关键所在。

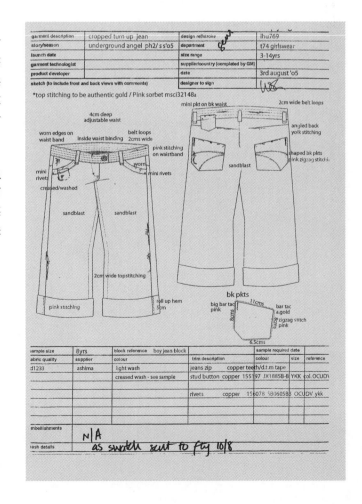

款式图在成本核算表中的应用

成本核算表列出了生产一件衣服需要的所有费用，如面料费、装饰费及加工费等，根据这些费用计算出生产成本、毛利和销售价格。有时会附加款式图或照片，从而使成本核算更加直观。

成　本

季节：×××		款式编号：	××××	
		款式名称：	裹身裙	

材料	说明	每米价格（英镑）	用量（米）	费用（英镑）
面料1		11	3	33
里料		13	2	6
内衬				
其他				
			小计	39

辅料	说明	单位成本（英镑）	用量（个）	费用（英镑）
纽扣		0.2	5	1
拉链		1.2	1	1.2
线				
标签		0.2	2	0.4
辅料1		2.5	3	7.5
辅料2				
			小计	10.1

手工			费用（英镑）
首样	10套衣服费用50		5
制板	10套衣服费用125		12.5
推板	10套衣服费用20		2
制作			25
		小计	44.5

运输			费用（英镑）
包装袋（箱）			0.1
衣架			
吊牌			0.2
其他			
		小计	0.3

服装成本总计（英镑）	93.9
批发标价涨幅倍数	2.5
批发价格（英镑）	234.75
零售标价涨幅倍数	2.7
建议零售价格（英镑）	633.825

流行预测手册的款式图

流行预测发布采用一种特殊的"优化版"的服装款式图，以突出其造型与轮廓。这些图经过了艺术处理，常常用于流行预测画册或网站中。

英国在线时尚预测和潮流趋势分析网（WORTH GLOBAL STYLE NETWORK）是国际一流的全球时尚流行趋势的预测机构。这是该机构针对两个不同季节所作的女装流行趋势的预测手册。

营销规划展示图中的款式图

在服装产品没有送达卖场之前,陈列人员可以利用营销规划中的款式图提前进行陈列规划。下图是运用3D视觉陈列软件绘制成的图片,这些款式图展示了在卖场内的系列款式服装的陈列效果。虽然实际工作中常常使用成衣照片,但是也使用款式图,这说明了从服装设计开发便可以酝酿展示陈列计划。

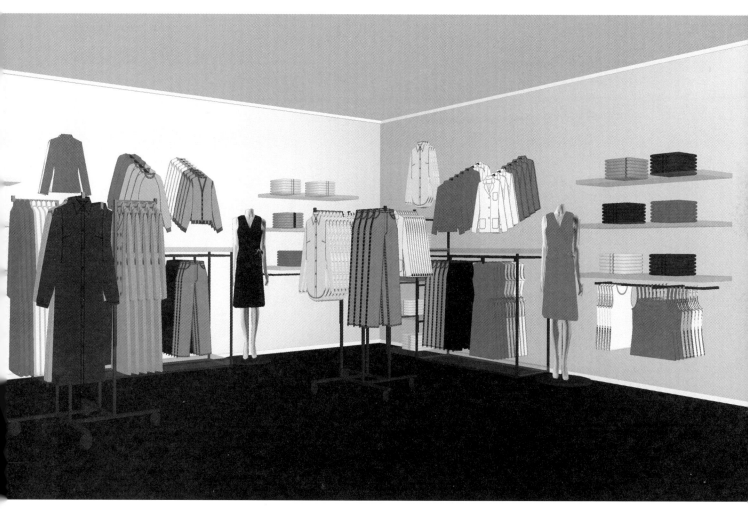

服装缝纫书中的款式图

用于自己动手缝制衣服的纸样书籍通常会有完整的人物时装画和服装款式图，通过前视图和后视图清楚地表明服装款式和结构尺寸，为读者提供方便。

款式图的绘制一般很简单，以表达清楚并能够指导缝制衣服作为标准。纸样有时会上色，如给布纹或一些结构细节上色。有时还会附加侧视图和放大的局部图（以展示细节）。

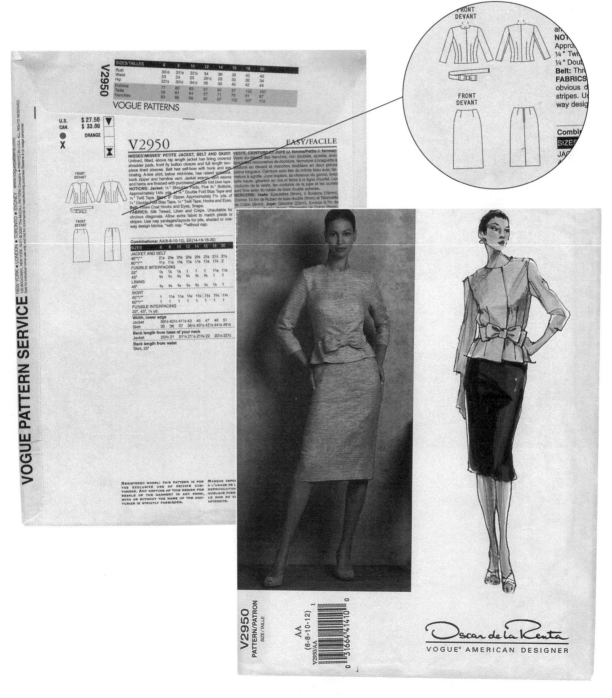

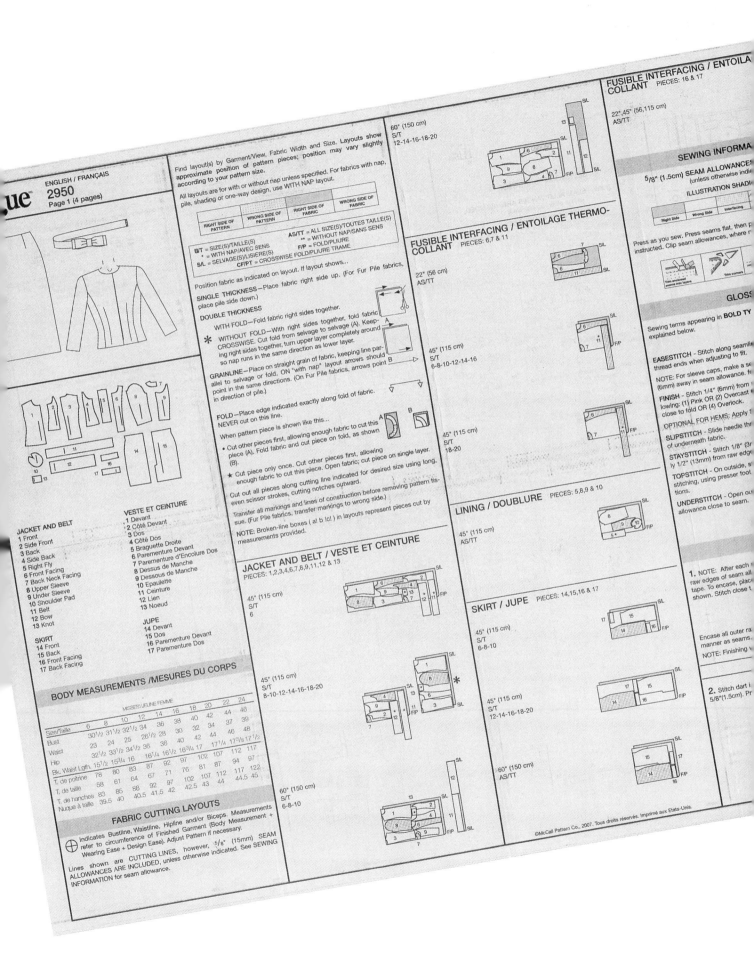

服装款式图
的画法

本书中演示的服装款式图的绘制是从画人体模板开始的。人体模板是可以作为样板的人体基本图形，这是款式图绘制的第一步，第二步才是画服装款式图。

模板的生成

在绘制服装款式图的初始阶段，有必要花点时间画一个准确的人体模板（人体外形图），人体模板的轮廓造型要画准确，以此作为绘制所有款式图的基础模板。基础模板的身高用头长作为测量单位，现实生活中，普通的女性身高大约是七个半头长（见右图），在绘制款式图时，为了美观，一般将身高增至八个头长（见19页左图），有时为了更好地表现服装，也可以采用人体模板的侧视图（见19页右图）。

基础模板可以利用手绘或者CAD软件完成绘制，或者两种方法结合使用。可以将人体基础模板保存在自己的文件夹中以备日后重复使用和参考。在专业生产时，由于客户、地域和市场的不同消费需求，对人体模板的需求也不尽相同。因此，为特定的市场制作产品时需要根据不同的消费需求对人体基础模板进行修改。

七个半头长普通女性人体基础模板图

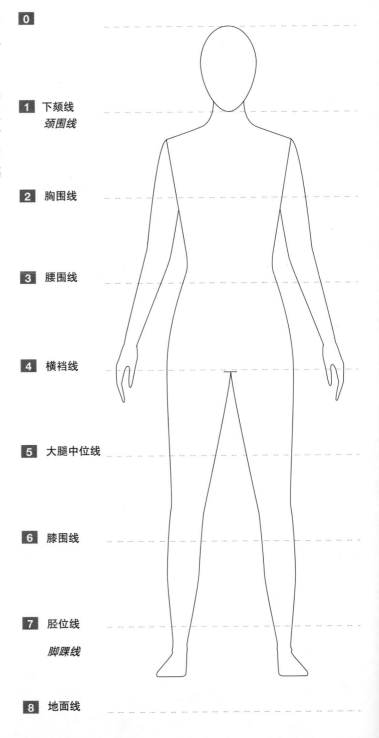

0

1 下颏线
  颈围线

2 胸围线

3 腰围线

4 横裆线

5 大腿中位线

6 膝围线

7 胫位线
  脚踝线

8 地面线

18 英国服装款式图技法

八头长普通女性人体基础模板图

（主视图）　　　　　（侧视图）

0

1　下颏线
　　颈围线

2　胸围线

3　腰围线

4　横裆线

5　大腿中位线

6　膝围线

7　胫位线

　　脚踝线
8　地面线

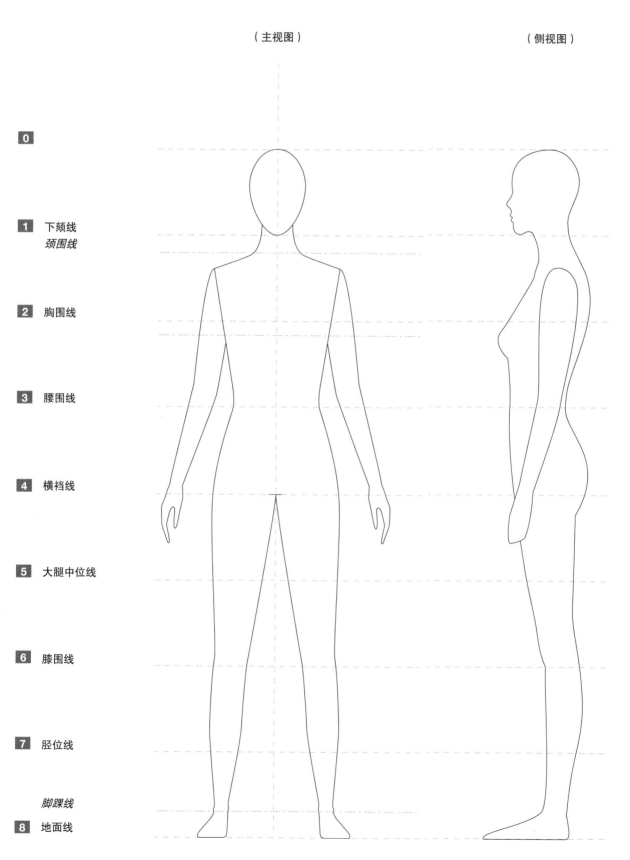

第一部分　款式图画法及应用

模板的使用

需要注意，一类人体基础模板不可能适用于所有的生产领域，也不可能适用于世界所有的区域。就像文化存在差异一样，不同地域的人体体型也存在着很大的差异，因而使用的人体基础模板应该有所不同。以西方和东方的女性为例，西方女性的体型比东方女性的体型更加丰满、更富有曲线感，因此东西方女性人体基础模板差异就会非常显著。针对不同的市场应该选择不同的人体基础模板。下图是一个西方的人体基础模板。

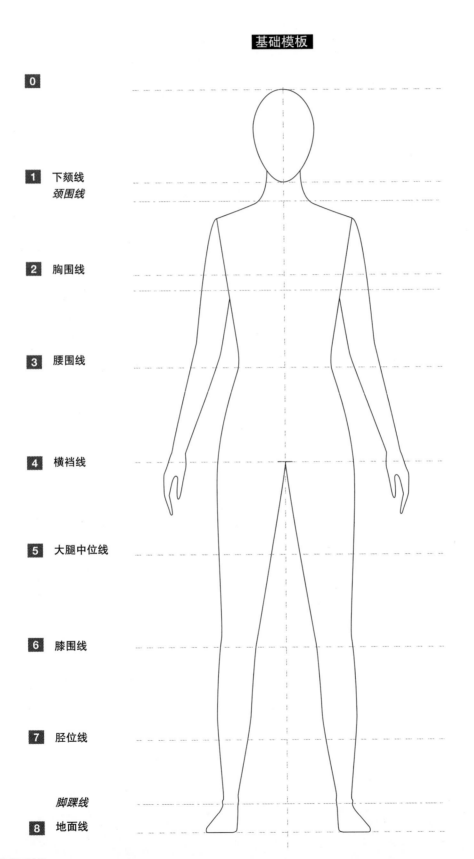

基础模板

0

1 下颌线
  颈围线

2 胸围线

3 腰围线

4 横裆线

5 大腿中位线

6 膝围线

7 胫位线

  脚踝线

8 地面线

模板的选配

左下图的模板是适用于青少年体型的人体基础模板,右下图是一个在基础模板上加大尺码的模板。由于青少年的体型有性别、年龄、地域的差别,所以人体基础模板也会存在差异,如人体的高度,东方人就比西方人矮,为了使服装尽可能地符合同一地区、同一年龄段青少年的体型,就要绘制出符合当地青少年体型的人体基本模板。

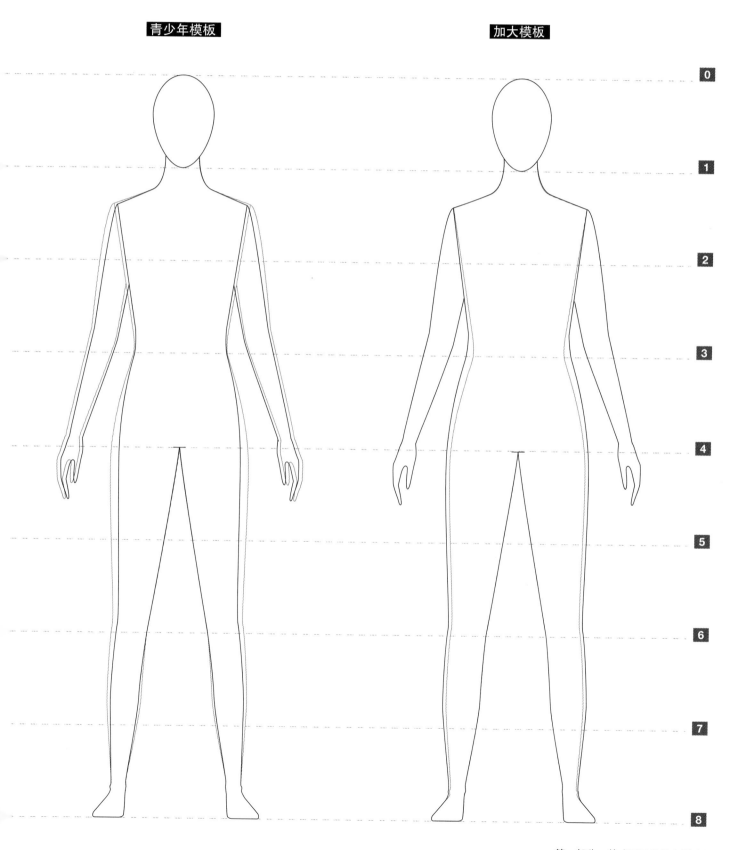

青少年模板　　　　加大模板

依照样衣画款式图的注意事项

参照样衣绘制款式图。如果想加快设计过程,也可以参照样衣进行绘图,通过样衣获取灵感,也可以以样衣的基本廓型作为设计的基础。平时可以从自己的衣柜中挑选衣服来画款式图,这是一种很好的练习方法。

将衣服平放在地板上,人需要站在衣服的正上方,从正面俯视观看衣服并画出款式图。这时衣服应摆放自然,否则所画图形就会扭曲变形。

有时需要画衣服某些部位的背面结构图,如图画袖子背面时,将衣服平放在地板上,按照自己的设计意图对衣服进行摆放。

画款式图时,观看服装不要斜视,否则绘制的图形会因透视而变形。如果把衣服放在桌子上,而人坐在椅子上画款式图时,绘制的轮廓线就会扭曲变形。

衣服挂在衣架上会有一定程度的下垂,这种情况下绘制的款式图会变形,同时悬挂衣服时,很难保证衣服左右完全对称。

使用基础模板手绘款式图

将衣服正确放置后,就可以绘制服装款式图了。本书以一款喇叭裙及其变化款为例,采用快速设计的方法,用图解的方法逐步演示服装款式图的绘制过程。

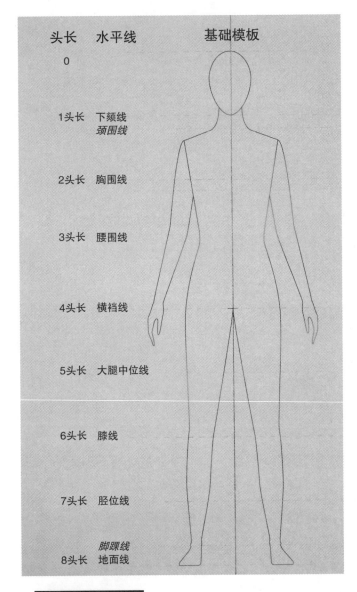

所需材料

描图纸

稿纸(45gsm)或其他能够透过灯箱看清的半透明纸张

白纸 A4或A3大小

低黏性胶带 确保描图纸与模板粘贴牢固

复印机 在草图阶段放大和缩小样稿使用

自动铅笔 使用HB的铅芯(0.5mm),不要使用低于HB硬度的铅芯,否则线条不够细

黑色细线笔
- 0.01mm的笔,用以绘制超细的针迹线
- 0.1mm的笔,用以绘制针迹线或缝线
- 0.3mm的笔,用以绘制除了针迹线外的主线条
- 0.6mm或0.8mm的笔,用以绘制轮廓线,用在系列图或展示图中

(绘制细线时,黑色细线笔比尼龙头钢笔更适用)

15cm长的直尺

30cm长的直尺(带直角或平行导轨)或三角板

曲线板

剪刀

术刀或锋利的工艺刀

喇叭裙操作步骤

步骤1

将一张A4的描图纸放在模板上,用胶带将描图纸和模板粘牢。用铅笔和直尺在中心处画一条垂线(作为中心线),将模板左右平分。这样你只需要画一半的服装款式图,无论是画左边还是右边都行,这取决于你自己的习惯。绘画时,请切记只需要画一半的服装。

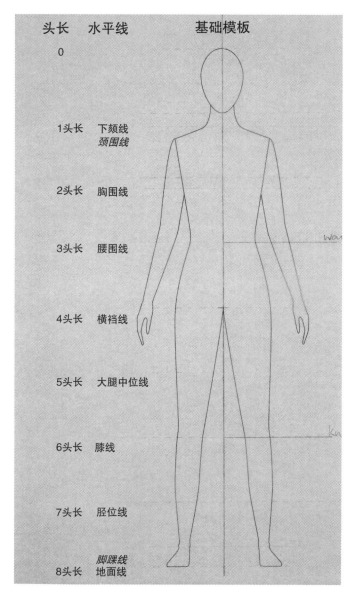

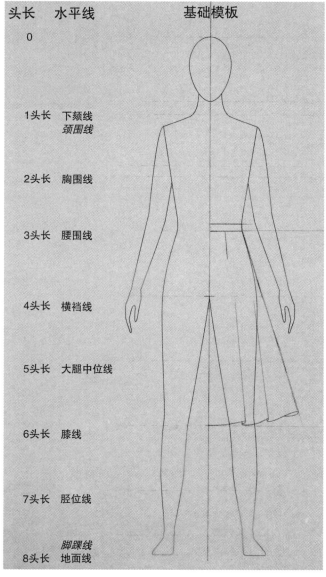

步骤2

用三角板画出腰围线,三角板放在腰围线处,使之垂直画好的竖向的中心线,同样,也画出膝线,画法同腰围线。这些画线将有助于后续绘图的比例正确。

步骤3

在基础模板的左边或右边绘制一侧裙子的款式图,要注意线条的流畅与准确。画直线时,如有必要可以使用直尺;画平滑的曲线时,可以手绘,也可以借助曲线板。采用具有直角标示的尺子有助于绘图的准确性。

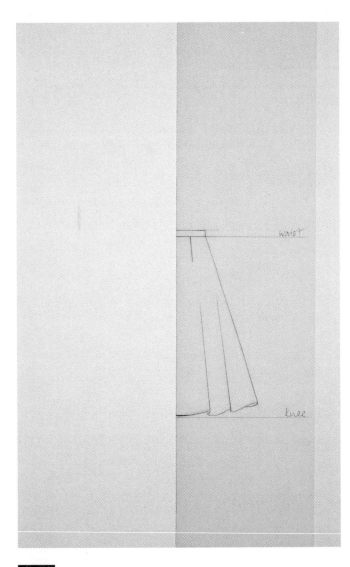

步骤4

完成一侧的绘图后,移去模板,将描图纸沿着竖向的中心线对折,另一侧裙子的图样就会显现在描图纸上。注意务必确保对折准确,否则会发现最后的款式图不对称,从而不得不重新画款式图。

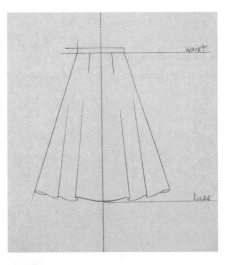

步骤5

按照已画好的一侧裙子图样描绘另一侧的裙子图样时,为了看得更清楚,可以将一张白纸放在描图纸下面。注意在描图纸上用铅笔画线时,不要弄污图稿,这也是为什么要使用HB铅笔或硬度更高的铅笔的原因。

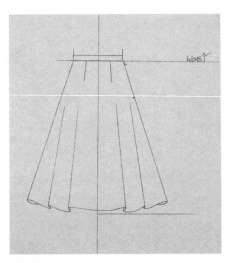

步骤6

打开对折的描图纸,整理好画稿,仔细检查一下各部位的线条,需要注意与前中线相交的线条,确保其外观平滑、角度正确。此外,还需要考虑衣服的穿与脱,即开口与搭扣的绘制。另外,你也可以参照本书中步骤9~步骤11介绍的方法,完成服装款式图;也可以采用本书介绍的快速设计方法,对已完成的款式进行多种变化设计。

用快速设计法画款式变化图

快速设计省略了设计工作的草图阶段，该方法适用于款式简单、强调商业设计理念的服装设计，特别是客户提出具体时间要求时尤其适用，如客户委托设计师设计一款休闲短裙或夹克系列时，在人体模板上绘制完一款服装设计图后，这个款式图就可以作为模板，以此延伸出一系列的变化款式。运用你掌握的服装结构知识和裁剪方法，绘制出生产用的服装图纸，而不是概括设计理念的草图。因此，要求你绘制的每条线都必须是有用的、有效的，而且位置正确。

所有的设计开始阶段都是用铅笔在描图纸上进行的，以此来创作一系列的草图。每一款设计都可能启发设计师进行新的创造和变化，有时一些细节的改变，如调整裙子的长度、腰的高度或裤子的肥度，都会带来一些全新的变化。款式的细微差别为设计带来更多的选择。款式调整所需的时间很短，只需要在绘制的一半的款式图进行，大大缩短了绘图时间。每一款图可以在几分钟内完成，从而让我们有可能探索更多的款式变化。

由于是在人体基础模板上进行款式绘制，故所有系列款式的图样比例都是一致的，因此可以将这些图样放在一张纸上，如放在系列款式页中。在绘制草图的阶段，可以采用这种方法，其优势就是速度快，也可以用于绘制真实服装的款式设计。只要掌握了这种快速设计的基本方法，你就可以按自己的需求进行服装款式设计。

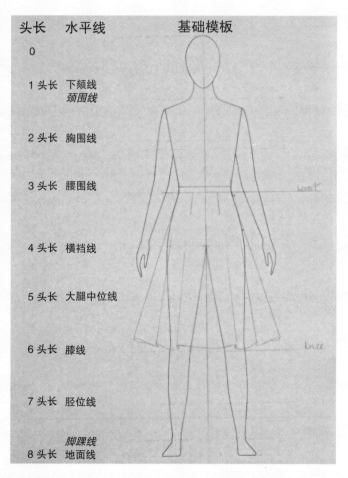

步骤7

这里我们将运用快速设计方法,在已经绘制好的喇叭裙款式图上进行另一款裙子的设计，这次需要设计一条长及膝盖的高腰裙，首先将已绘制好的裙子款式图稿放在模板上，然后把一张新的描图纸放在最上面，再画一条前中心线。注意，需用胶带将三张纸粘牢。

步骤8

可以根据原稿设计不同的款式。将一个款式演变为另一个款式，有许多可能性，仅仅通过长度和接缝的变化，就可以开发、设计出新的款式。这张图展示了四种可供选择的款式：两条不同长度的高腰裙、一条低腰直筒裙、一条低腰喇叭裙。

一旦形成了自己理想的设计风格，就可以进行整幅图的绘制。设计款式复杂或不对称的服装时，仅画一半服装款式图是不行的，需要绘制完整的款式图。

及膝高腰裙前视图绘制步骤

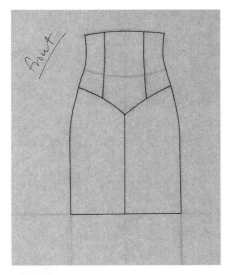

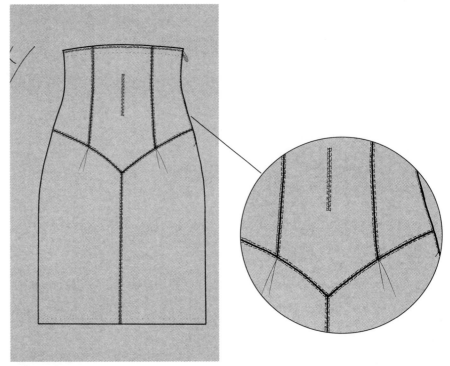

步骤9

选择一幅高腰裙设计稿,以此完成一幅完整的裙装款式图。你可以手绘完成,也可以扫描图稿后运用CAD完成。手绘时,将一张稿纸放在描图纸上面,并用胶带粘好,也可以将其放在透光灯箱上或窗户上。也许你需要将描图纸上的线条加深,以便透过稿纸还能看清楚。先测试一下纸张,确保描图笔尖不会渗墨。用0.3mm的细线描图笔描出线条。

步骤10

用0.01mm的细线描图笔绘出针迹线以及其他的细节。如果所绘服装细节复杂,可以用复印机放大铅笔原稿,然后细致地画出局部细节。当图稿完成后,再按照放大的比例缩小图稿。记得放大原稿时应标注放大的倍数,以便准确缩小。否则将这张图稿放在一组图或一个系列图中时,会出现比例不一致的现象。

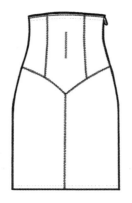

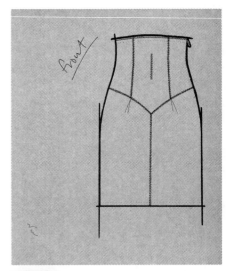

步骤11

如果想令图稿具有一种特殊的效果,或仅仅出于个人喜好,可以用0.8mm的细线描图笔将画稿的外轮廓线描成粗线条(规格表和成本核算表中的款式图不会采用这种方式,只有用于展示目的的图稿才会采用这种绘图方式)。

到此,你绘制的款式图就可以用于复印、扫描或其他用途了。

短裙后视图绘制步骤

完成裙款式图的前视图后，你可以利用它完成后视图。后视图的外轮廓线与前视图几乎相同。这里我们继续以短裙为例进行介绍，通过下面的练习来演示如何将一种款式变化成另一种款式，继而演示如何轻松地将前视图转化成后视图。

注意事项

1. 如果服装的细节比较复杂，可以使用A3纸，较大的纸更容易画细节，完稿后通过扫描或复印的方法将图样缩小。
2. 不要用低于HB硬度的铅笔绘图，否则不仅线条不够精准而且容易弄污图纸。
3. 随时准备重画草图，直到满意为止。
4. 用胶带固定描图纸与基础模板，确保不会移动。
5. 绘图过程中可以转动画板，特别在画垂线而不是水平线的时候，这样画地线条会很平滑。
6. 为保证对称性，需注意与前中心线或后中心线相交的线条，应确保其与前中心线或后中心线的夹角为直角。
7. 画直线时必须使用直尺，但是要和曲线协调地结合在一起，千万不要用直尺画曲线。
8. 不要用细线笔在描图纸上绘画，因为细线笔画的线条不易干，可能会弄污图纸，它只能用于稿纸上。
9. 描图时，应经常洗手，以免弄脏图纸。
10. 可以在光线良好的顶灯下画图，这样可以看清稿纸下的线条。当然使用灯箱更为理想。
11. 为了消除弯曲颤抖的线条，应在最后用描图笔描画，可多次描画，要有耐心。
12. 用描图笔描画的时候，应将一张白纸放在所描图纸的下面，既方便显示，又可以吸收多余的墨水。
13. 用描图笔描画最终的图样时，要经常清洁尺子的边缘，因为尺子边缘常常沾有墨水，容易弄脏所绘的作品。
14. 为了加深最后的图样，可以使用不同粗细的细线笔（如0.05mm笔和0.1~0.3mm笔）。

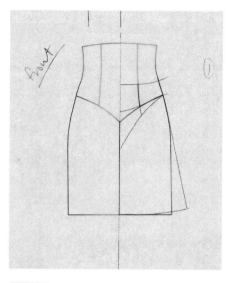

步骤1
用直尺在一张描图纸上画一条中心线。这里我们还要使用前面绘制的高腰直筒裙，用铅笔手绘一款低腰A字裙，同样也是在描图纸上画一半裙子款式图，只是这次要同时绘制前视图与后视图的线条。

步骤2
沿着中心线描出另一半服装的轮廓线，获得整个后视图，这时应检查后视图是否对称并进行必要的调整。

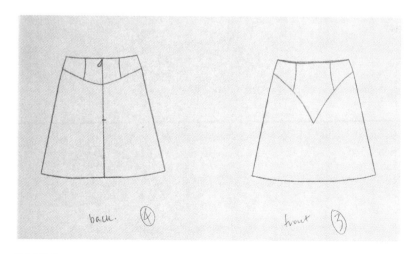

步骤3
在这个阶段请尽量使用彩色铅笔。使用彩色铅笔的优点很明显，可以帮助你区分画在模板上的各种线条。画后视图时，后片与前片需缝合的缝线应绘制一致。另外，不要忘记标记开口处。

运用Illustrator软件在基础模板上绘制款式图

首先正确放置将要绘制的样衣（见22~23页），下面逐步介绍运用Illustrator软件绘制样衣款式图的过程，同时介绍如何运用快速设计的方法进行款式变化设计。

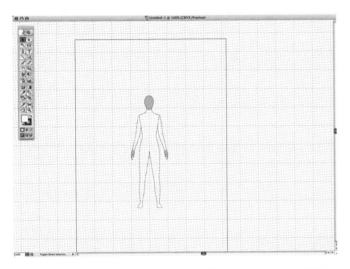

步骤1

在Illustrator软件中建立一个新文件。

点击文件图标〔File〕，进入子菜单，点击新建图标〔New〕，建立一个新的文件。

步骤2

载入基础模板，显示网格线。确保人体基础模板的前中心线与网格的某一垂线重合。

点击文件图标〔File〕，进入子菜单，点击置入图标〔Place〕，输入基础模板。

点击视图图标〔View〕，进入子菜单，点击显示网格状态图标〔Show Grid〕。

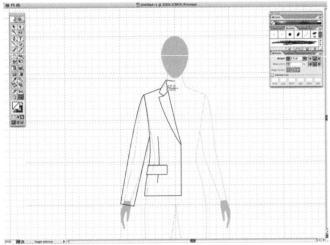

步骤3

选择范围，将基础模板上所有选项组合在一起。

点击对象图标〔Object〕，进入子菜单，点击群组图标〔Group〕。

打开调色板，利用调节行程按钮将人体基础模板的轮廓线变淡。这样基础模板不仅能起到指导作用，还不会分散设计者的注意力。这时基础模板的颜色已经变成了黄色。

点击窗口图标〔Window〕，选择色彩图标〔Color〕。

用钢笔工具绘制出一半的样衣轮廓线。由于画的是外套，样衣的轮廓线应该在基础模板的外围（见44页）。样衣的前片门襟要超过前中心线，从而形成必要的搭门。

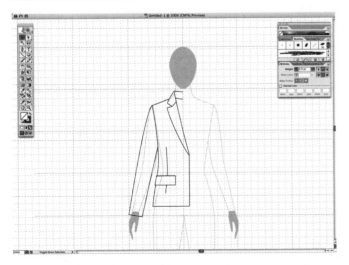

步骤4

在图中与前中心线垂直的位置，任意画一条水平平衡线。平衡线有助于步骤5中镜像图形的生成。

30　英国服装款式图技法

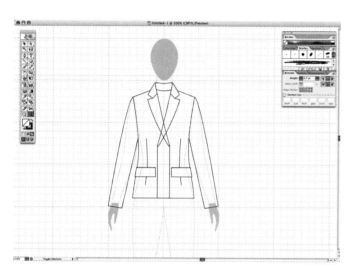

步骤5

将已绘制的样衣轮廓线条选中,准备做图形镜像。

点击对象图标〔Object〕,进入子菜单;点击群组图标〔Group〕复制并粘贴;然后选中样衣,再选择点击对象变形图标〔Object Transform〕,进入子菜单,点击镜像图标〔Reflect〕;点击前中心线;再点击OK按钮。使用选择框重新设定镜像图形的半件样衣位置,注意以步聚4中所画的水平平衡线辅助左右对齐。

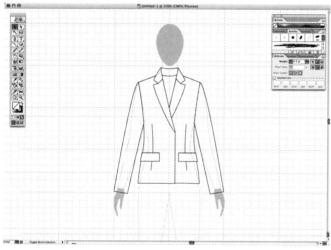

步骤6

删除样衣前片门襟处不需要的重叠部分。对款式图进行调整,将样衣内门襟底边稍稍提高,完善款式图。

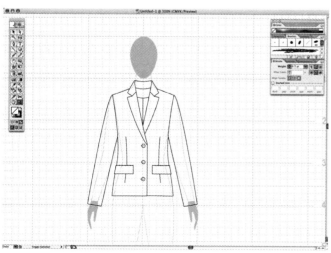

步骤7

进一步整理图样,这里样衣的口袋盖可以画得浅点。添加贴边与背中缝,同时画上纽扣。

步骤8

选用0.25磅的虚线画针迹线。

步骤9

删除人体基础模板,隐藏参考线。

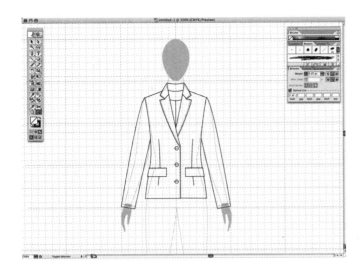

后视图

与前视图相比,后视图只需拷贝、粘贴前视图,并删除不需要的细节即可。本款样衣的后视图需要在前视图的基础上画出后翻领,移动和延伸省道,延伸背中缝,使底边保持水平。还需要加一个背开衩,同时将开衩右侧底边边缘稍稍抬升。

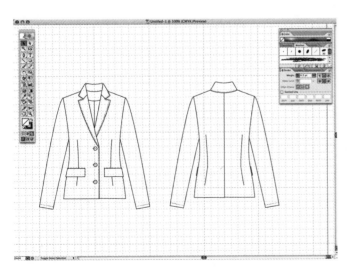

运用Illustrator软件进行快速设计

在使用Illustrator软件绘制款式图时，也可以采用快速设计的方法。这是在绘图过程的任一阶段都可以使用的方法。在款式图绘制过程中，可以利用软件存储各个阶段不同版本的设计。此外，还需建立自己的服装部件库，如口袋的款式库或金属配件库，以此丰富自己的设计。

步骤1

保存已经完成的样衣款式图，并将其前视图作为模板。

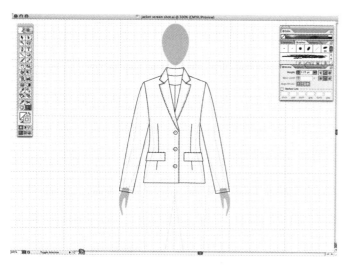

步骤2

现在改变款式，将样衣原有的省道改为公主线。

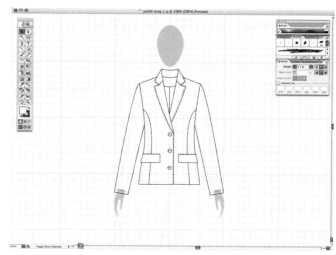

步骤3

删去样衣原有的盖式口袋，替换为贴袋，改变款式结束。

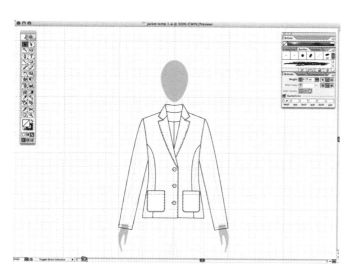

步骤4

改变款式将样衣的线条延长，使下摆形成喇叭形。绘制时，仍然可以只画一半的款式图，然后通过镜像处理得到完整款式图。

绘制服装款式图的提示和建议

服装款式图需要绘制服装的轮廓造型线及各部位之间结构的组合关系。如果参照成衣绘制款式图，则注意不要画出织物结构上原本的纹路和瑕疵。绘制款式图必须抓住款式特点，了解服装款式图的绘制要求，区别绘图的要素与非要素。

下面就服装款式图的绘制过程中遇到的问题提出一些提示和建议，通过对典型款式进行分析，指出常见的绘制错误。提醒读者注重研究人体的三维形态，并思考如何裁剪才能使服装合体、舒适。同时还应正确理解纸样裁剪与服装结构，这有助于信息的积累和绘制技巧的提高。

如果你不能确定画哪款服装的款式图时，最简单的方法就是找一件样衣，以此作为参照，画出你所看到的细节，注意不要将想象的细节画在款式图上；不要画出衣服本身的缺陷和瑕疵。

避免过分强调细节，那样会使服装款式图变样。不要为了让款式图看上去漂亮而画一些花哨的线条，这些线条可以用在服装效果图中。

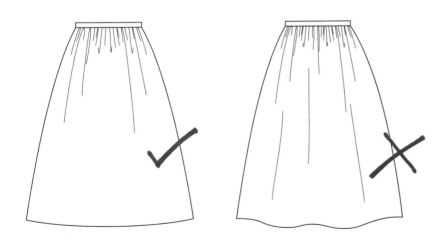

服装款式图不要过多专注于艺术表现。因为服装款式图不是表达自我设计的载体，其用途是尽可能简单、清晰和准确地传递服装轮廓线及结构线等信息。如右上图所示，将裙子的底边线画成图示的状态，纸样师很可能就把它理解为底边为波浪边的裙子了。

服装款式图绘制的注意事项

仔细观察、分析以下款式图绘制过程中的错误及正确建议。

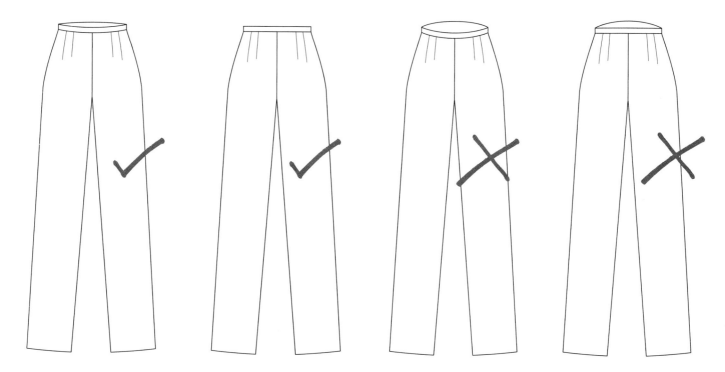

裤子的腰头上口线一般画成弧线。在裤子的前视图中常常可以看见裤后腰头的里布，因此需要将裤腰头的里布画出来。当然，如果裤子选用悬垂性很强的织物，那么可以将腰头画成直线。注意不要将腰头画得过于凹陷或凸起。

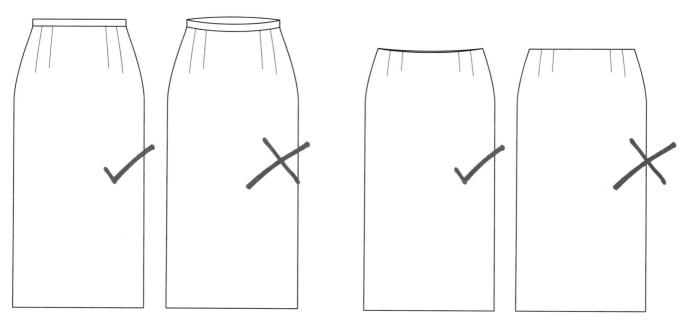

一般将裙子的腰头画成直线，当裙子是低腰的款式，这时需要画成弯曲度较小的弧线。

后领口的轮廓线通常是弧线，主要是为了穿着舒适和便于颈部活动。款式图中常见的错误是将后领口画成直线或凸形。

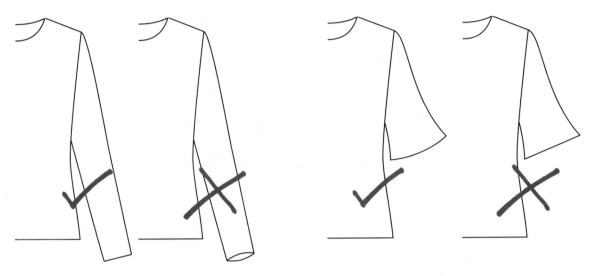

服装底边常常被画成弧线，这样画有一个前提，即底边确定被设计为弧线形。如上图的窄袖口线和下图的裤口线，底边应该画成直线；而对于较宽大的款式，其底边则应该画成弧线。

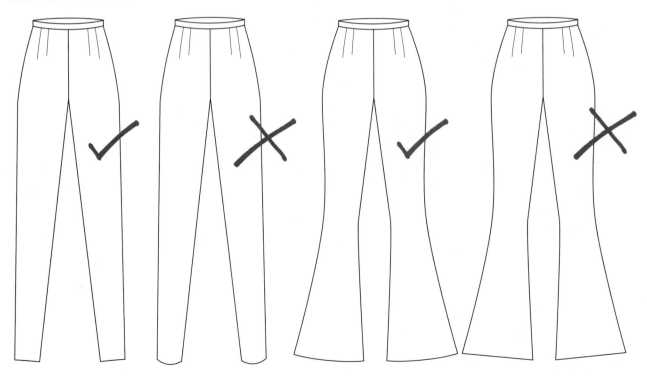

画领子时,常见的错误是领座的下口线与肩缝线在高度上没有保持在同一水平线上。

衬衫领座的下口线应该是浅浅的弧形线,一定不能画成直线,也不能画成过分夸张的凹形或凸形的弧线。

在画套装的款式图时应该使用同一基础模板,从而保证上装与下装的比例一致。如果在绘制过程中需要将图形放大或缩小,要记住缩放比例,以便最后可以将图形复原。

服装款式细节部位画法的注意事项

虽然本书的第二部分对样衣及其款式细节用二维设计软件进行了描述，但是对于款式图中较难表现或隐蔽的细节（如隐形拉链和裤裆），绘制时仍需要一定的技巧和方法。本书针对这些难点，提供了相应的画法。只要你掌握了款式图画法的基本要领，就可以形成自己的风格。

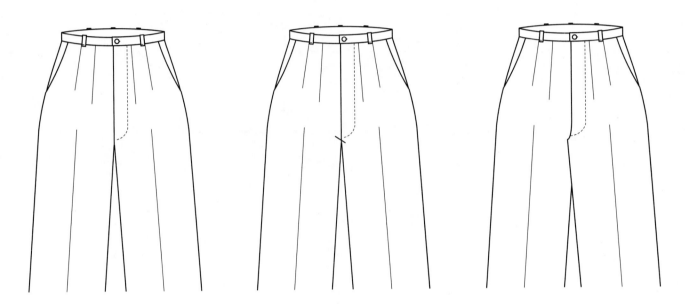

上面三款裤子款式图，虽然前裆部位仅有细微的差别，但是画法却不相同，而且都是正确的。

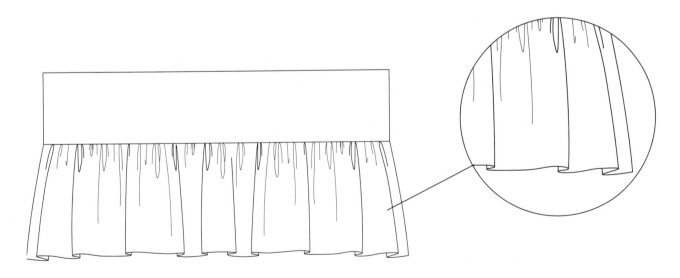

荷叶边通常很难绘制。为了绘制准确，可以将一件有荷叶边的样衣摆放好，仔细观察荷叶边，然后再画出你看到的细节。要表现出织物的悬垂感和流动感。

这里介绍两种画褶裥的方法：一种是选择较细的线条，这有助于表现细腻的效果；另一种是根据褶裥的疏密来增减线条（见右上图）。

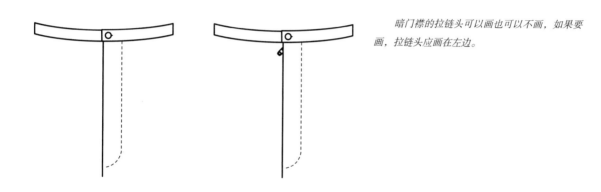

暗门襟的拉链头可以画也可以不画，如果要画，拉链头应画在左边。

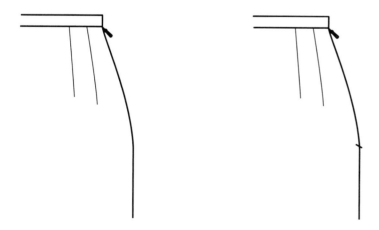

侧拉链一般隐蔽性好，因此款式图上仅画一个拉链头或以一根小小的斜线迹表示，也可将两者结合起来表示。注意不要画出实际的拉链齿。

内部或隐蔽处部件的画法

有时款式图需要显示服装的内部结构，规格表中的款式图就要提供内部款式的结构细节，如有创意的结构线、内部针迹线等。

根据下面讲解的实例，你可以选择和图中相同或相似款式的真实服装去练习绘制。绘制时将服装摆放好，并将需要观察的部位展示出来。

在规格表、系列款式图或设计展示图中，除了要绘制服装的前视图外，还要绘制一幅展示服装内部结构的款式图。

有时，一些部位细节的绘制会从前片延续到后片，或设计在侧缝处，此时增加服装的后视图和侧视图就显得尤为必要。

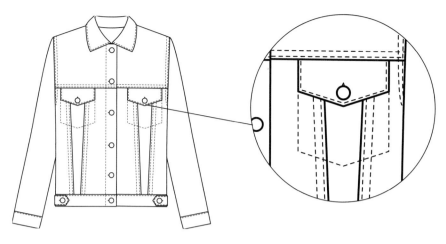

有些局部的细节需要放大才能看清。例如在服装的规格表上，可以根据需要将款式的局部放大，然后将其放在服装款式图的旁边。

有时需要展示服装系合和解开的效果。例如纱笼，当被脱下放在地板上时，它就是一块长方形的织物，因此可以按照上图进行绘制。

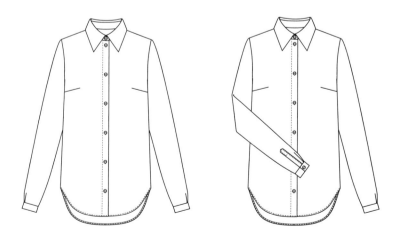

有时需要提供袖子的背面图。这时可以绘制袖子折叠后的背面图。如果是手绘，可以将已绘制的款式图复印，然后仔细剪下图样并折叠袖子部分，再画上袖衩或其他细节，重新复印后就像新画的一样了。

外套的画法

利用人体基础模板画紧身服装的款式图时,需要紧贴着基础模板的外轮廓线绘制,要与基础模板外轮廓相适应。在画外套时则不一样了,外套是穿在其他衣服的外面,因此绘制时要在基础模板的外轮廓线处留有一定的空间画外套的轮廓线。

如果你在画一套系列款式图并需要把其放在一张图纸上展示时,就要使用同一个基础模板,以保证比例一致。

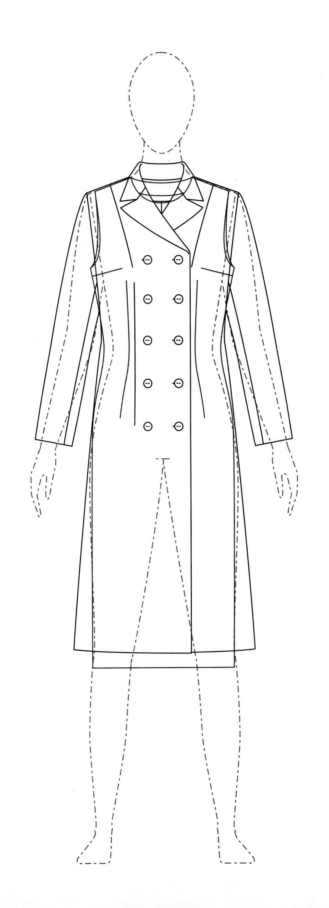

复杂细节的画法

如果手绘一幅结构细节复杂的款式图时，首先要画出基本款的结构线（包含所有的接缝），再用复印机放大图样，然后用细线笔画出明线和小细节，完成后再用复印机缩小图样，这时图中的细节与针迹就会表现得详细而准确。为了清晰起见，你也可以把复杂的细节局部放大。

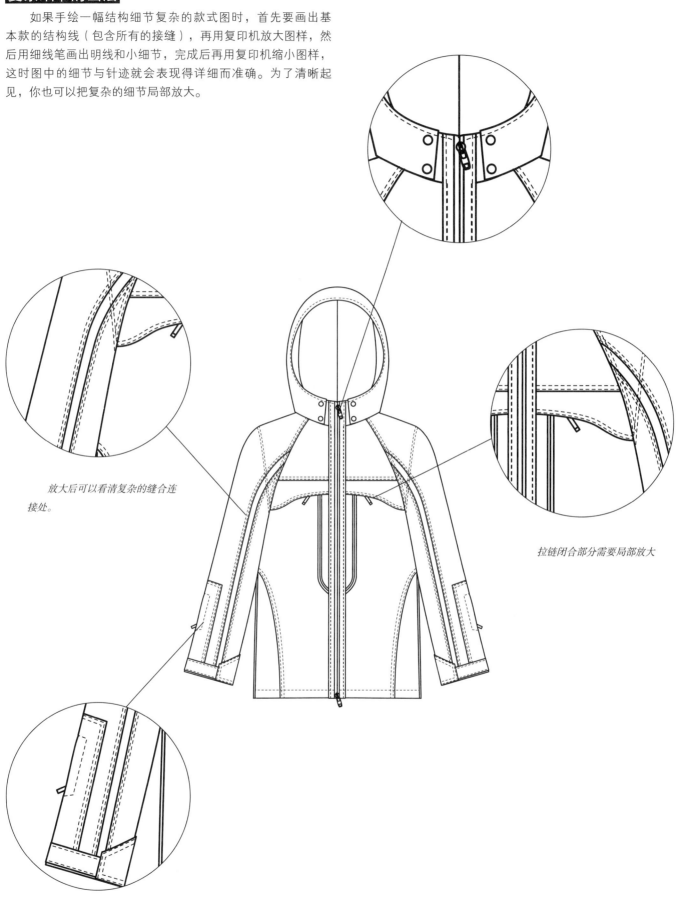

放大后可以看清复杂的缝合连接处。

拉链闭合部分需要局部放大

给款式图添加颜色、质地和图案

包括了各部位细节的服装款式图绘制完成后，就可以根据要求来表现面料的颜色、质地和图案。没有着色，不画面料图案的款式图一般用于设计开发、展示稿、规格表、成本核算表、纸样书、价目表或样册等。但是在服装产品系列表中，或者需要显示颜色、面料或质地等差别时，就需要对款式图进行着色。着色一般用Photoshop软件完成。

颜色

通常运用色块为服装款式图上色。

步骤1

将手绘完成的款式图扫描，或者选择Illustrator软件来绘制款式图。无论采用哪一种方法，都需将绘制好的款式图样输入Photoshop程序。

步骤2

选择需要上色的部位，使用软件里的油漆桶工具进行上色。

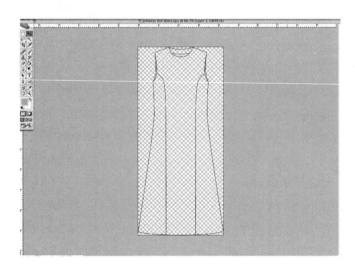

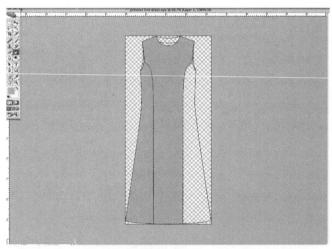

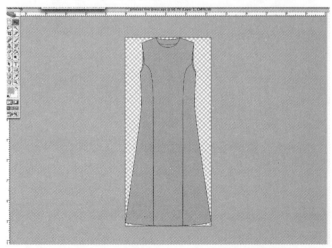

提示和建议

当画一幅相对复杂有很多的皱褶的服装款式图时，会感觉上色比较困难，因为油漆桶工具的分辨率不够细致（见左下图及细节特写图）。

这时，既要使用油漆桶工具，也要使用铅笔工具进行上色。

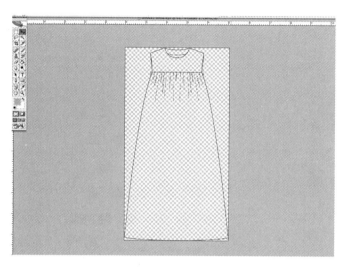
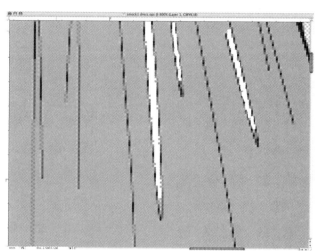

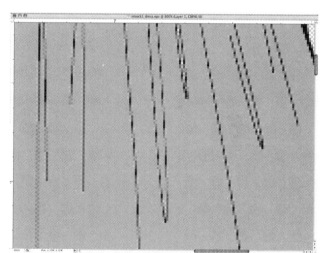

另外，按住Ctrl键和Backspace键，就可以填充背景色。按住Alt键和Backspace键，就可以填充前景色。用这样的方法可以填充整个色块而不用分别选择上色。

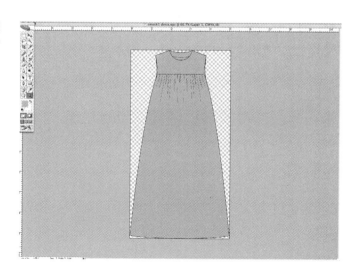

第一部分　款式图画法及应用　45

图案

在款式图上添加面料的图案时,应注意衣服的接缝和皱褶处的画法,因为这些地方的图案可能会被打断。不要简单地将图案平铺在服装上,因为这不符合衣服的实际穿着效果。另外还需要考虑图案的大小与疏密,以便准确表现。

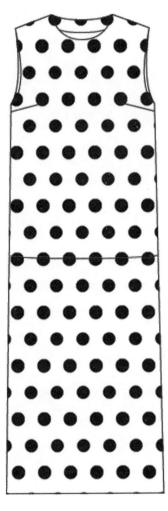  

质地

一般来说，服装款式图无需对面料的质地进行绘制，但当遇到质地非常特殊的织物（如人造毛皮）时，款式图中线条的形态会发生改变。如下图中轮廓造型相同的款式，左边为棉平布质地，右边为改变线条形态表现的人造毛织物的质地。

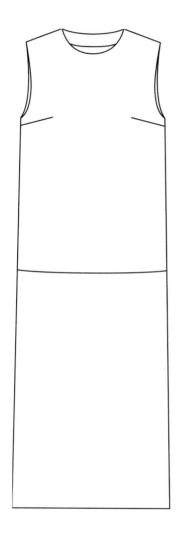 

不同风格的款式图表达

款式图不可避免会带有设计者的风格。只要款式表达清楚、细节完善、比例正确，具有个人绘画风格的款式图是可以被接受的。

这里针对同一款单排扣休闲西装，展示了不同风格的图稿。注意观察其中的不同点和相同点。虽然每个人看事物的角度有所不同，但是要绘制一幅成功的款式图，其关键是正确掌握服装的比例、款式和结构。

款式类型及细节

应该了解基本款式类型及细节,以此来绘制服装款式图。下面就简要介绍裙子、裤子、衬衫和休闲西装的术语和基本元素。在54~57页中,通过一些款式图的展示,介绍了如何运用模板画出不同长度的袖子、裙子、裤子和大衣。

半身裙基本款

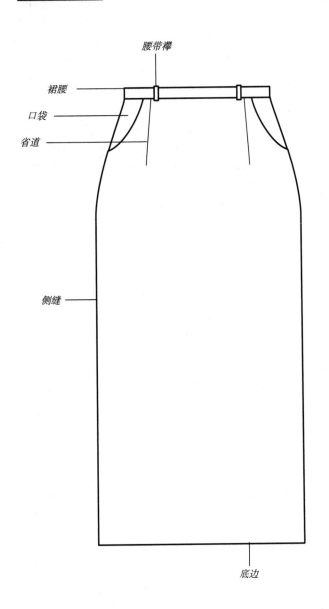

前视图　　　　　　　后视图

裤子基本款

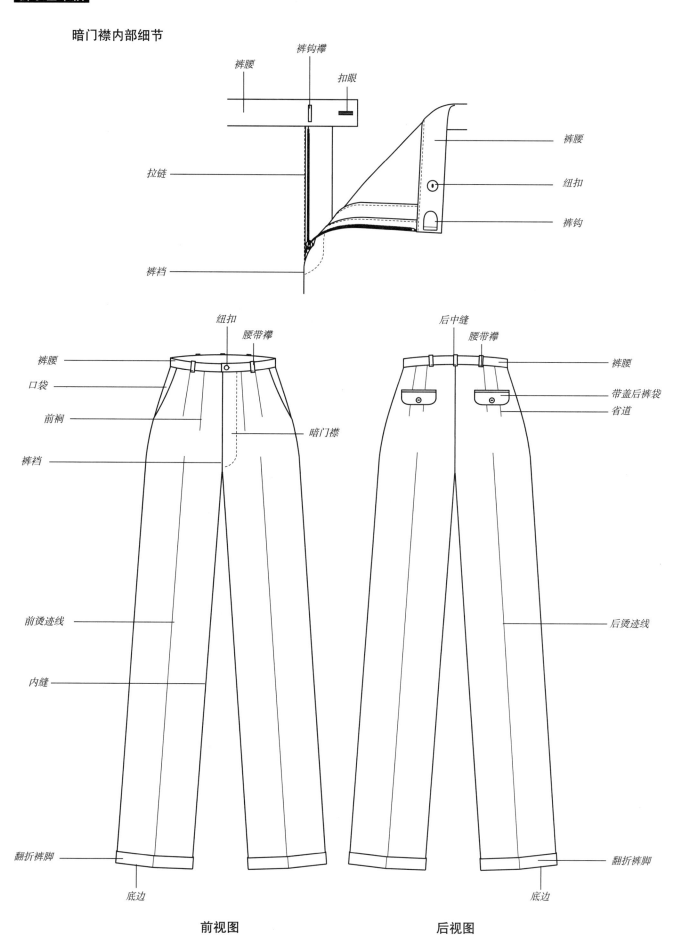

前视图　　　　　　后视图

衬衫基本款

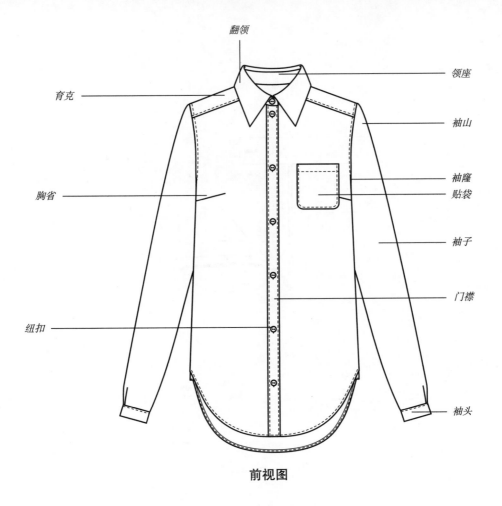

前视图

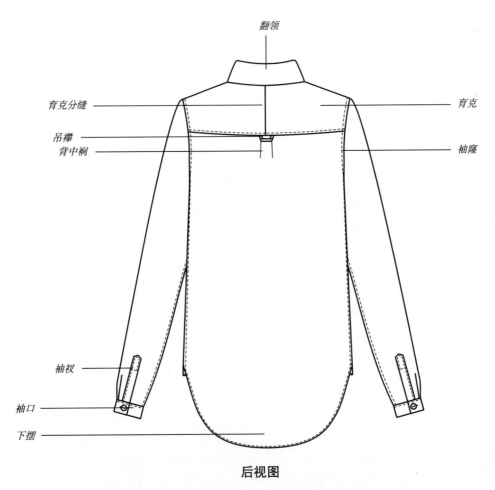

后视图

休闲西装基本款

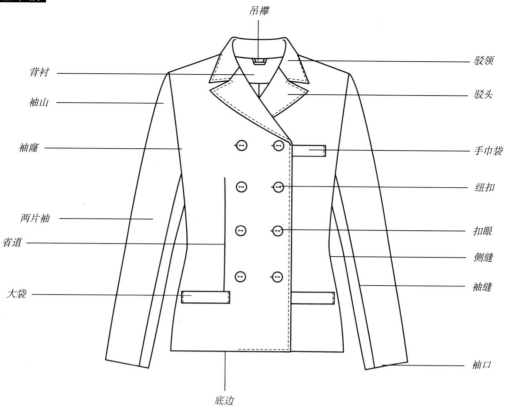

前视图

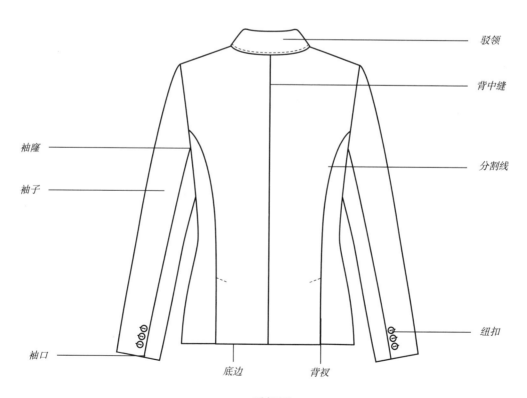

后视图

不同长度的衣袖

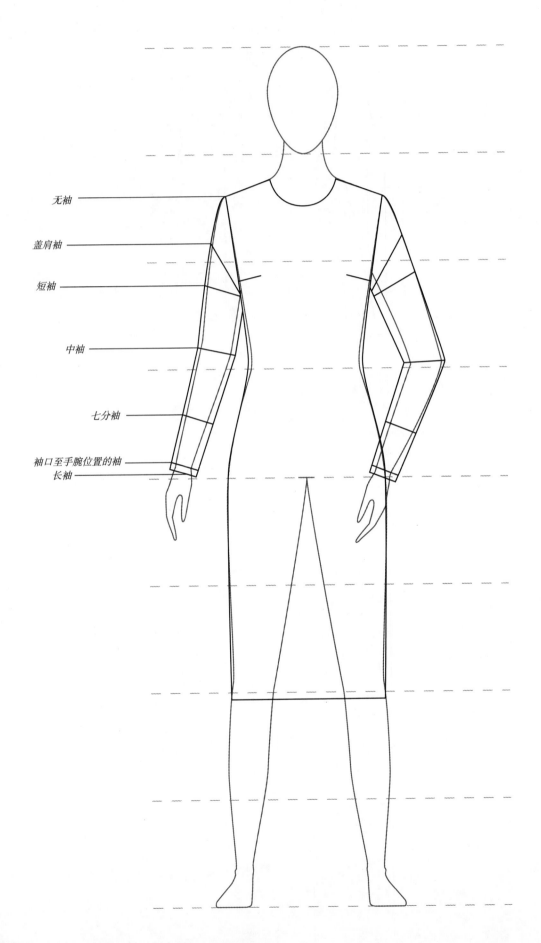

不同腰高及裙长的裙

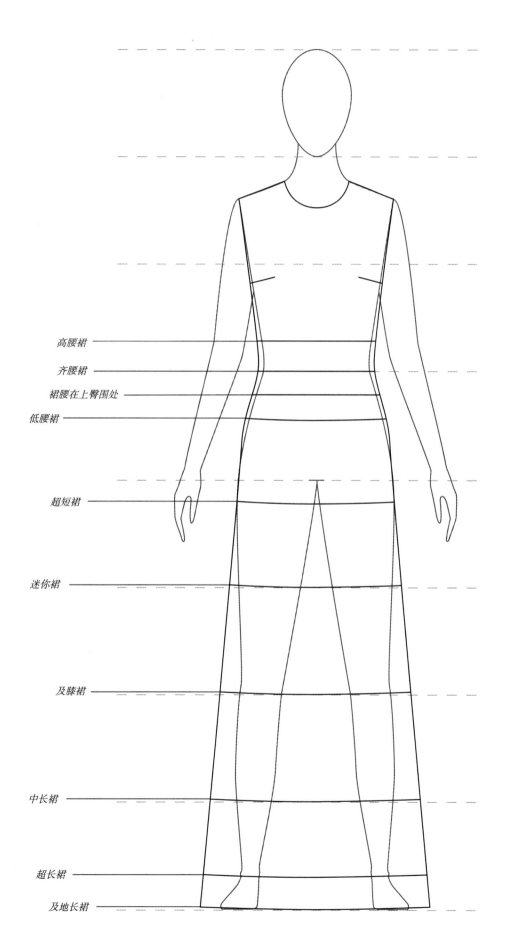

不同腰高及裤长的裤子

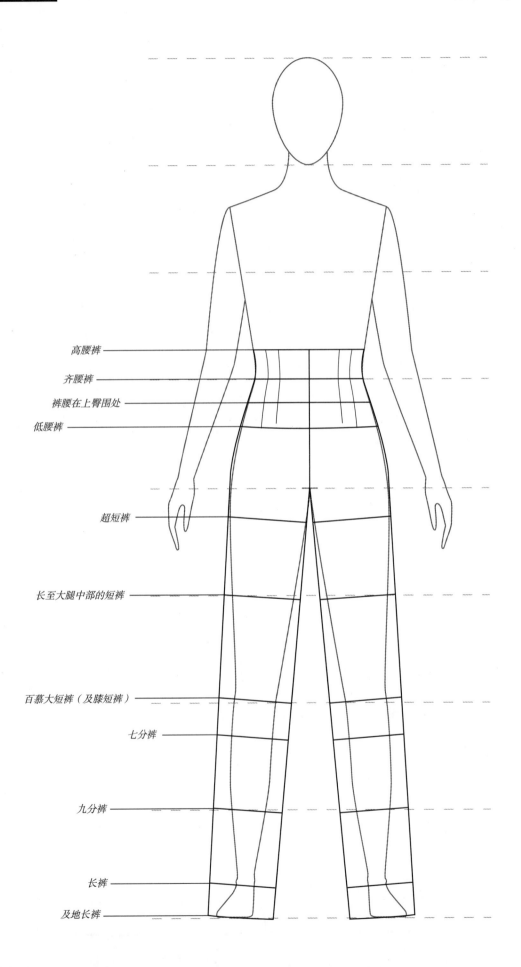

- 高腰裤
- 齐腰裤
- 裤腰在上臀围处
- 低腰裤
- 超短裤
- 长至大腿中部的短裤
- 百慕大短裤（及膝短裤）
- 七分裤
- 九分裤
- 长裤
- 及地长裤

不同长度的大衣

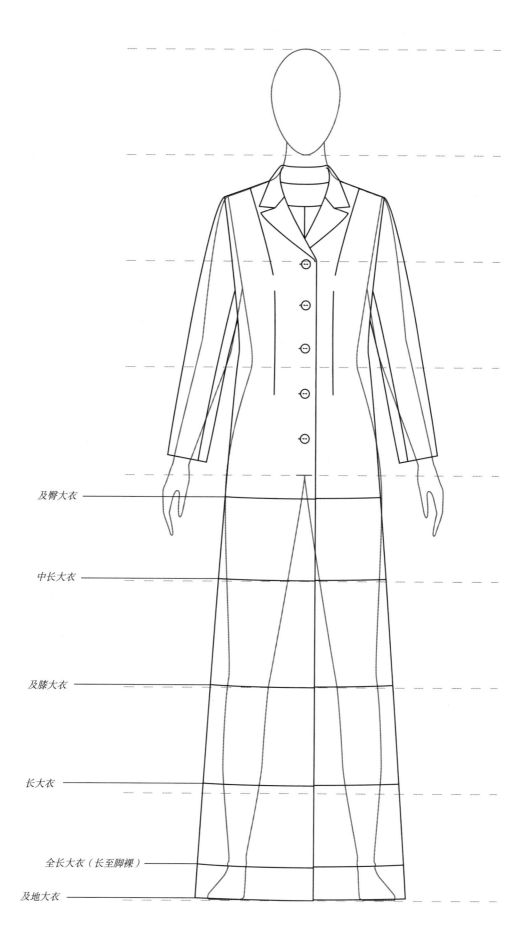

- 及臀大衣
- 中长大衣
- 及膝大衣
- 长大衣
- 全长大衣（长至脚踝）
- 及地大衣

第一部分 款式图画法及应用

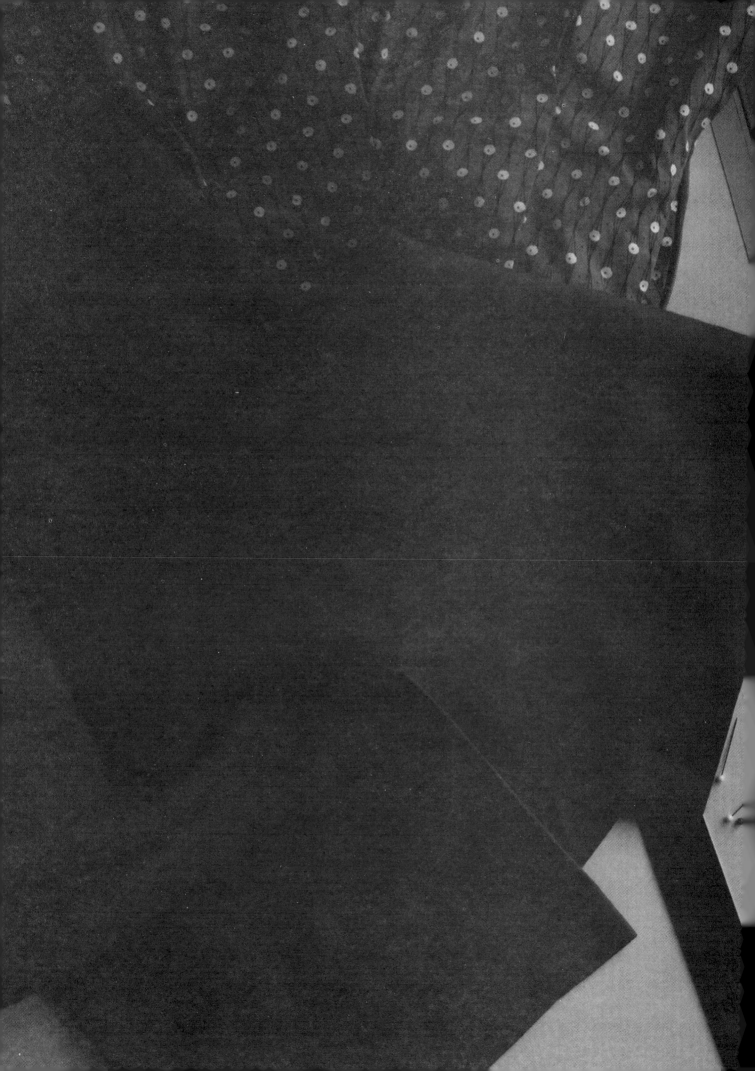

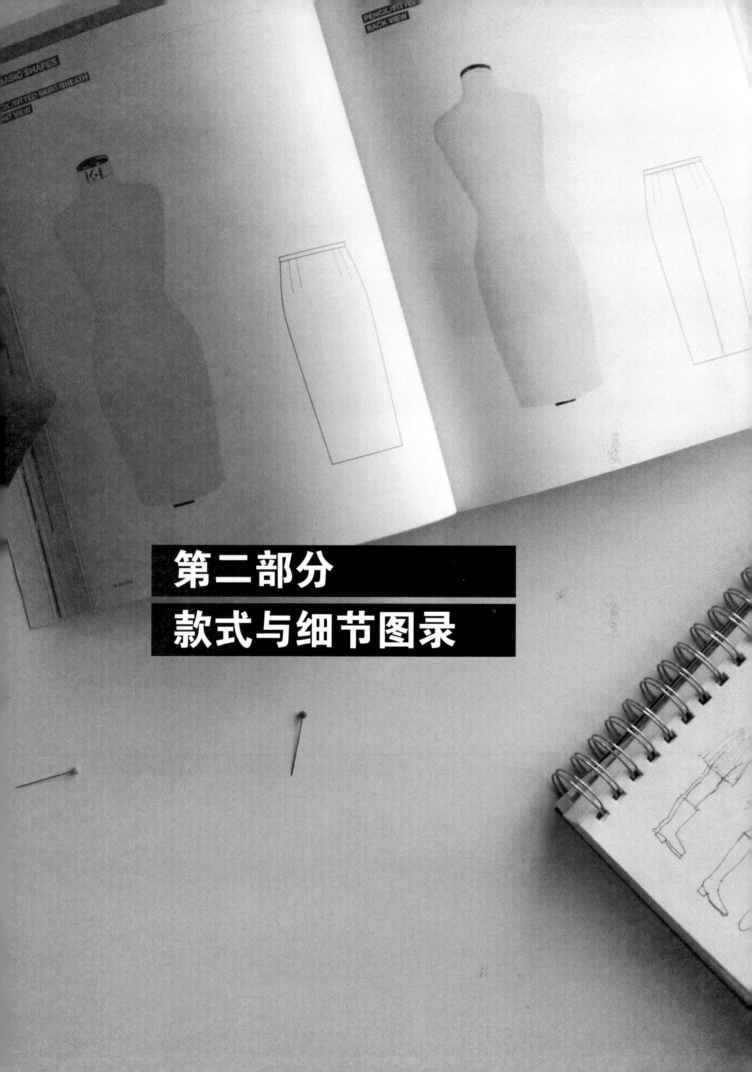

第二部分
款式与细节图录

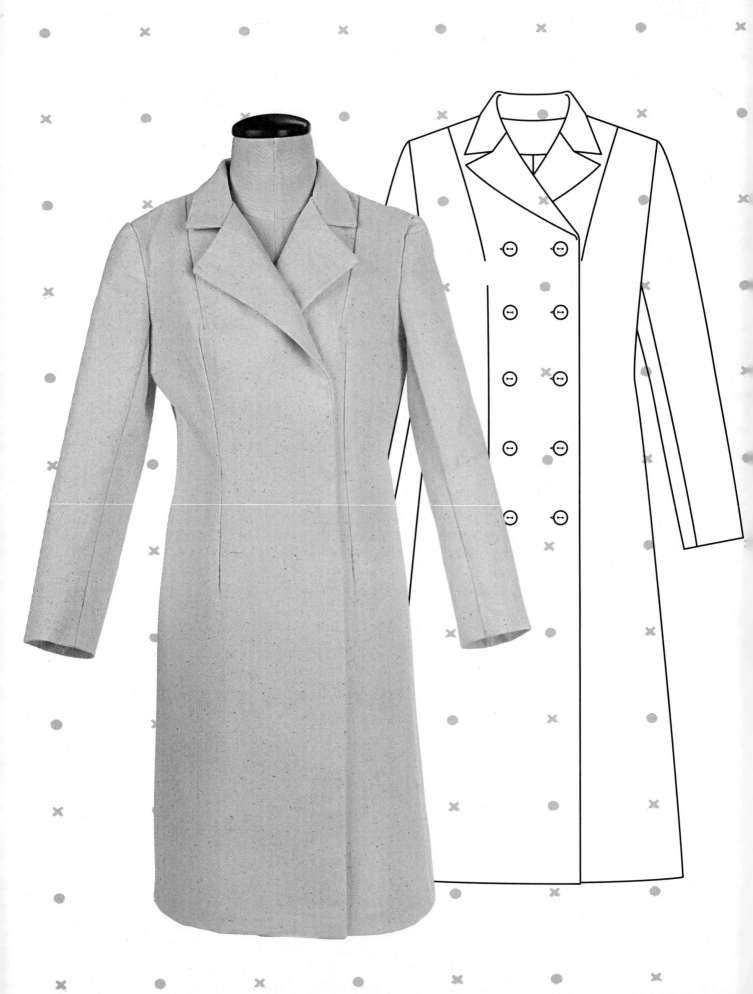

图录使用说明

本书的第二部分汇集了女装的一些基本款式造型。通过学习分析这些主要的服装类型，可以掌握服装款式图绘制时需要的必要信息。这些女装的经典款式，尽可能地省略了流行细节。

本图录中罗列了一些服装图片，其款式和细节设计是我们最熟悉的，既基本又经典，读者可以以此作为指导，对书中的服装造型进行改变和调整，从而形成自己的设计理念。图录中汇集了连衣裙、上衣、裙、裤子、衣领等很多样式，但是给大家展示的都是最常见的基本款式。

针对每一种服装类型，我们都用一组重要的基本款型进行说明：用白坯布制作样衣，用款式图展示服装的结构造型，以此演示如何将三维的服装转变成二维的款式图。通过这个过程，可以学习如何通过二维的方式来呈现服装，并了解服装内部结构如何取舍。一幅成功的款式图不仅要准确传达服装设计的思想，而且还要表达款式的基本信息。

书中每个款式都配有常用的生产名称，有时一个款式会有多个名称。理解并熟悉这些名称术语有助于你在服装领域的交流与沟通。

要形成自己的设计风格，需要设计者熟悉服装的基本款和其基本结构造型，这非常重要。运用自己所学的知识，试着画100款单排扣、双排扣、内衣、外衣各种款型的服装，通过改变衣袖、衣领和款式线，进行无穷的变化设计，从服装的基本款开始，你会逐步设计出更多新颖多样的款式。

逛逛百货商场的女装部，随意记录一下，看看你能发现多少经典的衣领、衣袖、袖口、裙、连衣裙的造型。虽然设计变化多样，但是你会发现大部分的服装都没有超出本书罗列的款式范畴。你所看到的所有款式几乎都是由这些基本款变化而来的。

做一个尝试，在一个人体基础模板上，设计一款新款服装。需要考虑服装的整体造型，如衣袖的类型、袖口的式样、衣领的款式以及衣服长短等，而且需要在基本款的基础上，将不同的服装要素进行整合。所谓的设计就是变化，所以，只要拥有了基础知识和基本材料，服装的设计开发和款式图绘制就会变得容易了。

以下内容为读者提供了学习服装款式图绘制所需要掌握的必要知识。

连衣裙

基本款

筒型连衣裙（合体连衣裙、紧身连衣裙）
前视图

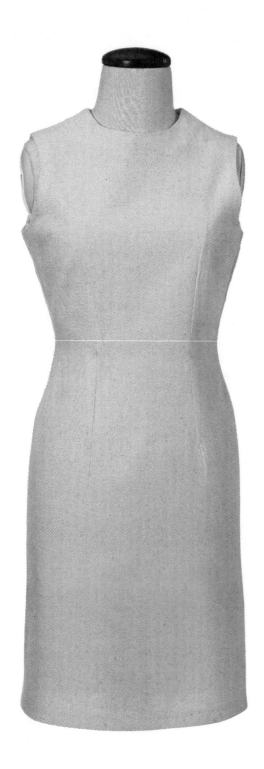

连衣裙

筒型连衣裙（合体连衣裙、紧身连衣裙）
后视图

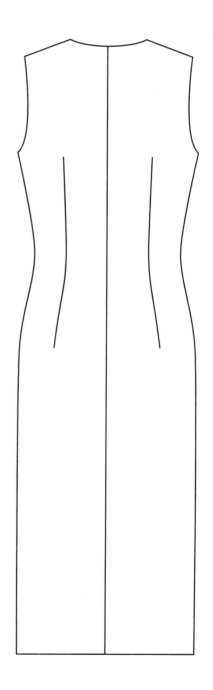

连衣裙

基本款

箱型连衣裙（直筒连衣裙、宽松连衣裙）
前视图

连衣裙

箱型连衣裙（直筒连衣裙、宽松连衣裙）
后视图

连衣裙

基本款

A字型连衣裙
前视图

连衣裙

A字型连衣裙
后视图

连衣裙

变化款

高腰连衣裙

前视图

后视图

公主线连衣裙

前视图

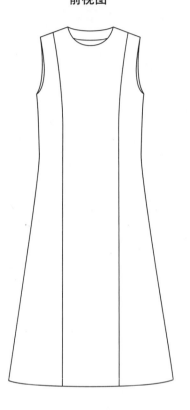

后视图

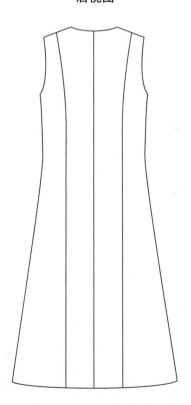

梯型连衣裙

前视图

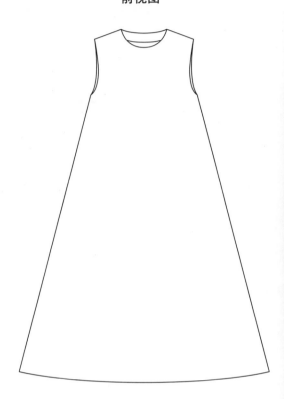

后视图

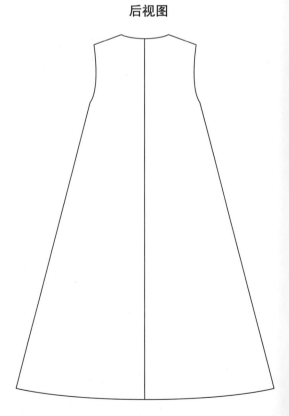

连衣裙

不对称连衣裙

前视图

后视图

低腰连衣裙（落腰连衣裙）

前视图

后视图

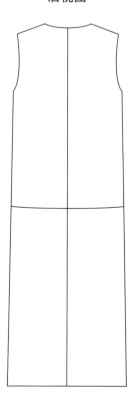

宽松膨腰连衣裙

前视图

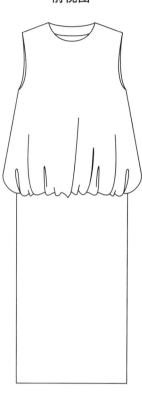

后视图

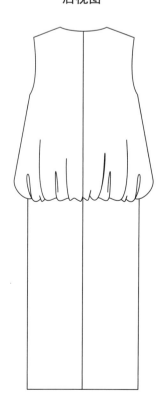

连衣裙

变化款

无袖罩衫式连衣裙

前视图

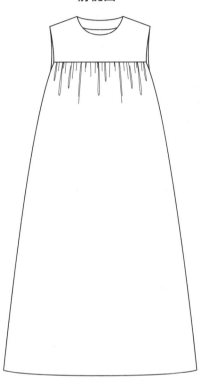

后视图

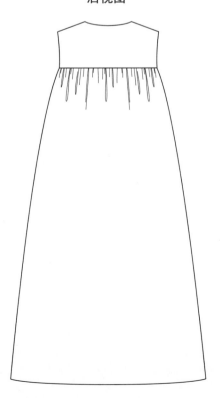

裹叠式连衣裙（叠襟式连衣裙）

前视图

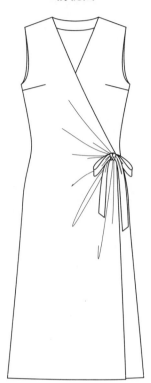

后视图

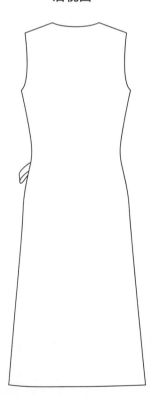

连衣裙

衬衫式连衣裙

前视图

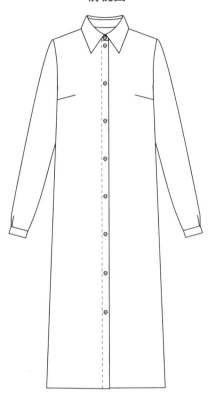

后视图

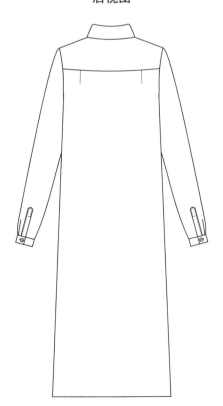

旗袍

前视图

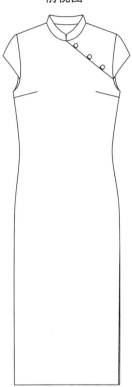

后视图

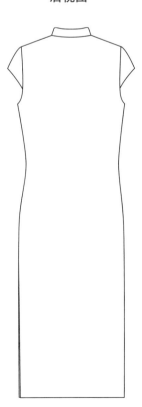

连衣裙

变化款

工作裙（围裙）

前视图

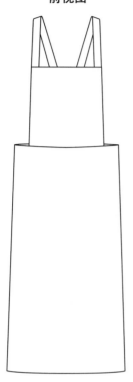

后视图

和服

前视图

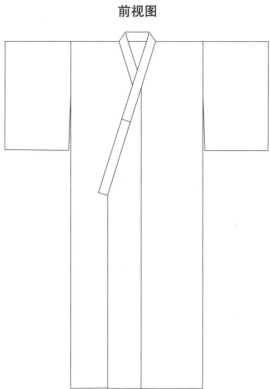

后视图

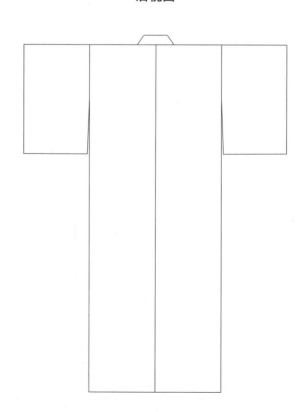

连衣裙

阿拉伯男式长衣
前视图

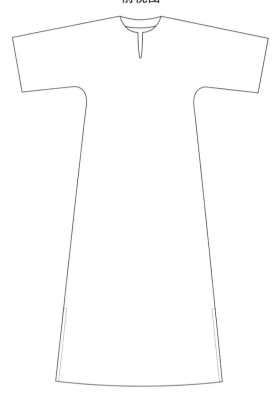

后视图

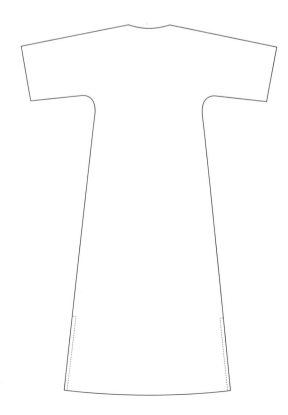

礼服（舞会礼服、舞会裙）
前视图

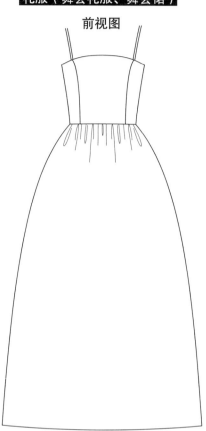

后视图

裙

基本款

合体裙（紧身裙、铅笔裙）

前视图

裙

合体裙（紧身裙、铅笔裙）
后视图

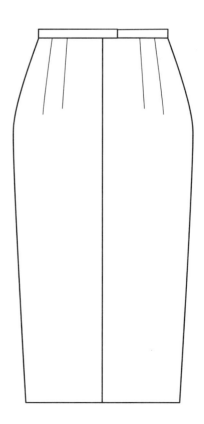

裙

基本款

直筒裙
前视图

裙

直筒裙
后视图

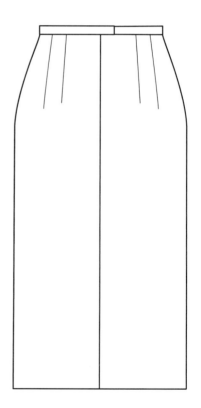

裙

基本款

A字裙
前视图

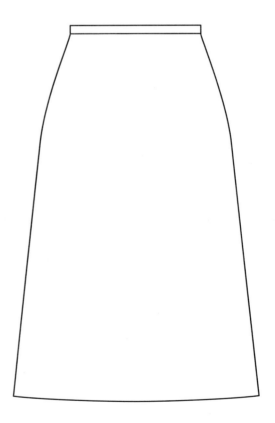

裙

A字裙
后视图

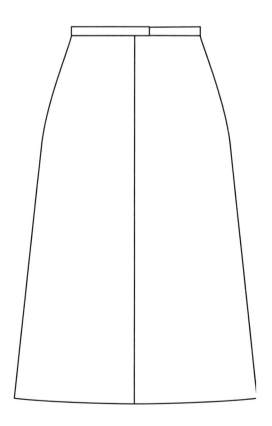

裙

基本款

喇叭裙（全圆裙）
前视图

裙

喇叭裙（全圆裙）
后视图

裙

基本款

细褶裙
前视图

裙

细褶裙
后视图

裙

基本款

褶裙
前视图

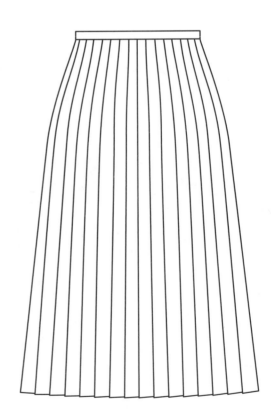

裙

褶裙
后视图

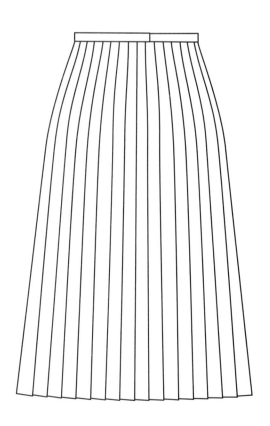

变化款

抽褶裙

前视图

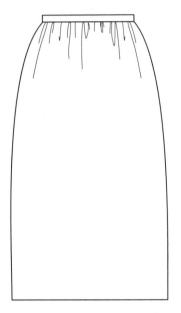

后视图

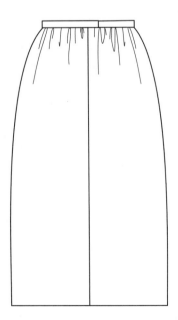

多片拼接裙

前视图

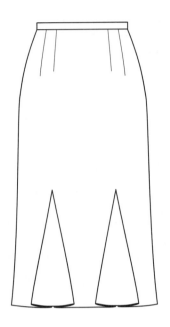

后视图

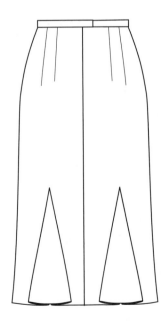

围裹裙（裹叠式裙）

前视图

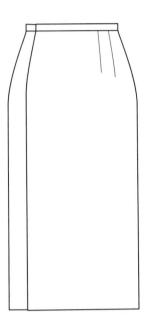

后视图

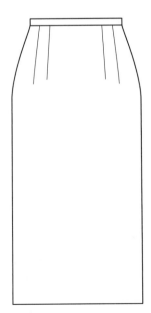

裙

纱笼裙（裹裙）	塔裙（多节裙）	下摆呈手帕状或锯齿状裙
前视图	前视图	前视图

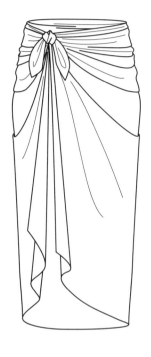  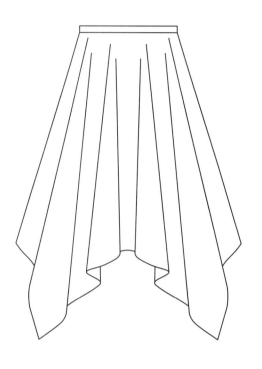

后视图	后视图	后视图

  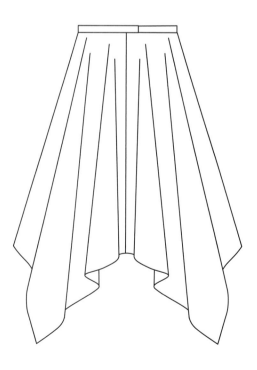

第二部分　款式与细节图录　87

裙

变化款

不对称裙	灯笼裙（蓬裙、泡泡裙）	溜冰裙
前视图	前视图	前视图

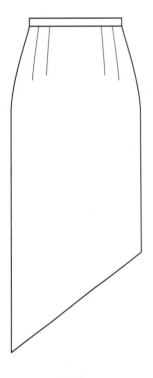
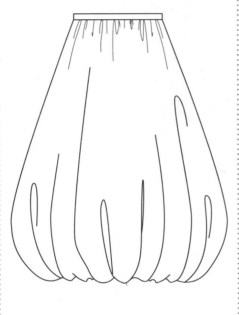
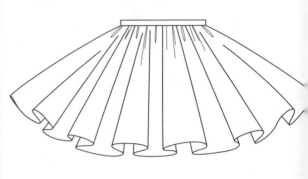

后视图　　　后视图　　　后视图

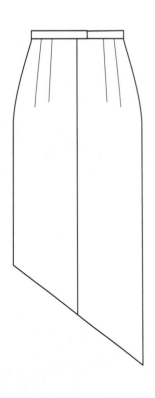
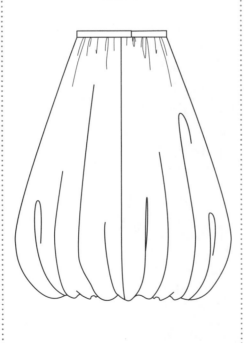
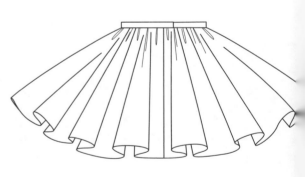

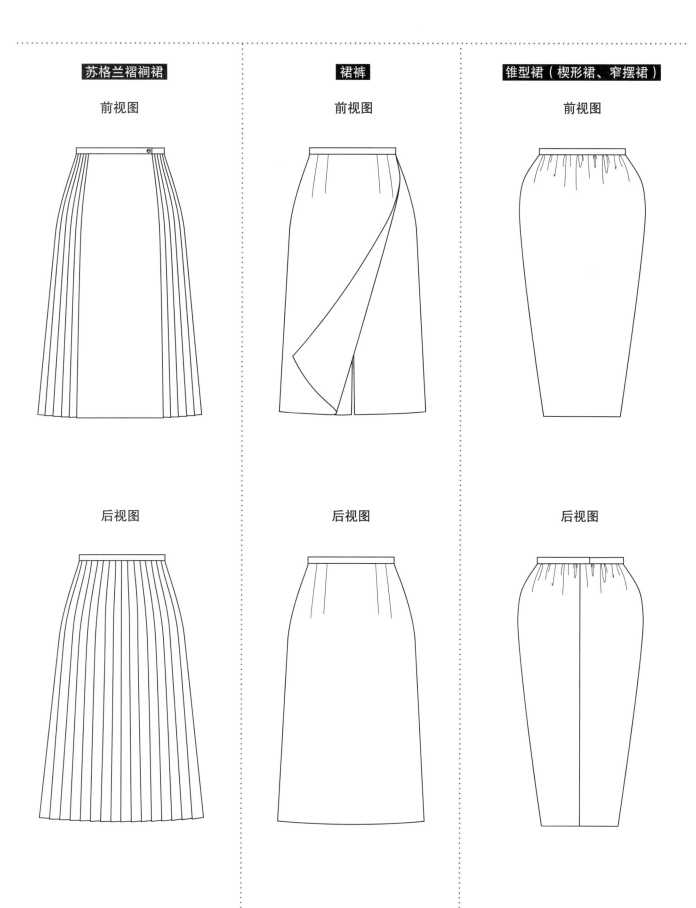

基本款

紧身裤
前视图

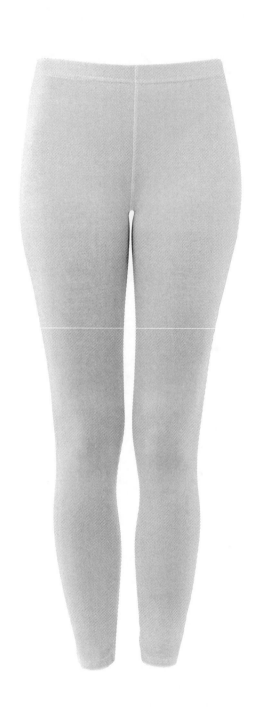
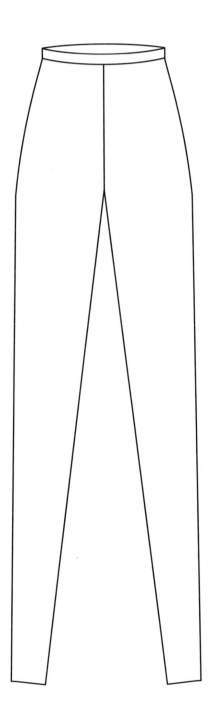

裤装

紧身裤
后视图

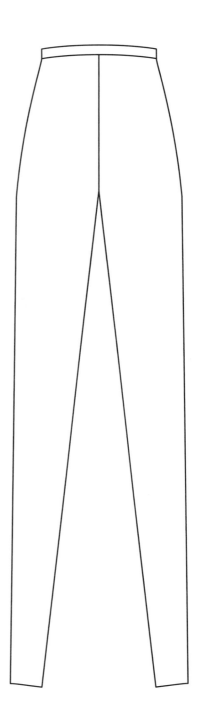

裤装

基本款

紧身筒裤（瘦腿裤、窄管裤、烟筒裤）
前视图

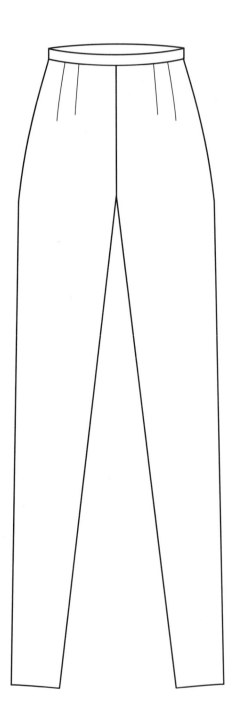

裤装

紧身筒裤（瘦腿裤、窄管裤、烟筒裤）
后视图

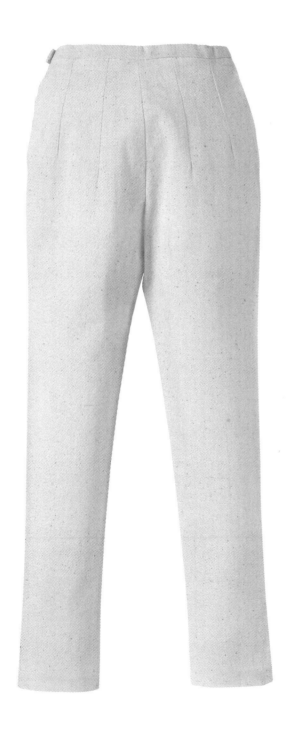
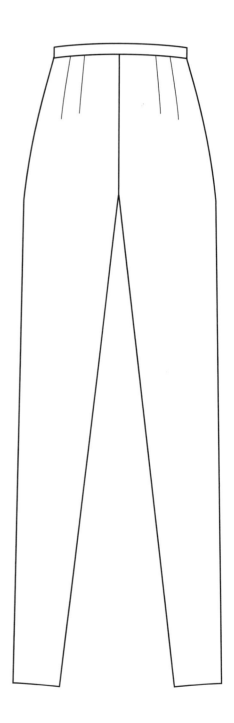

裤装

基本款

直筒裤
前视图

裤装

直筒裤
后视图

裤装

基本款

锥型裤
前视图

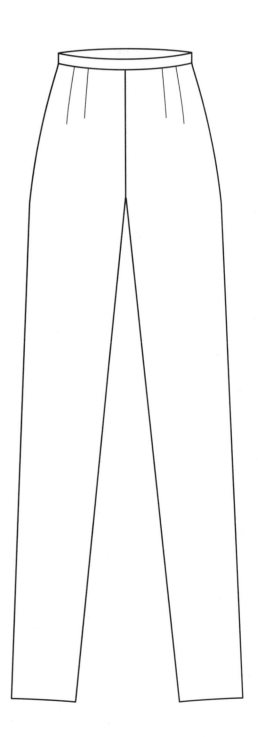

裤装

锥型裤
后视图

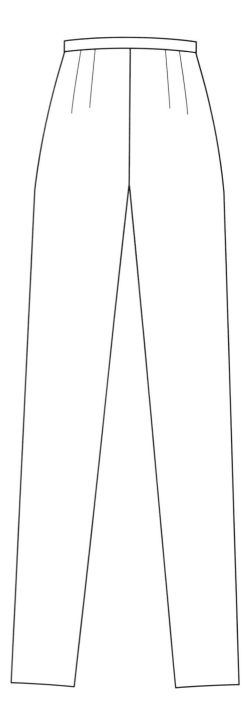

裤装

基本款

喇叭裤
前视图

裤装

喇叭裤
后视图

裤装

变化款

配靴宽脚裤

前视图

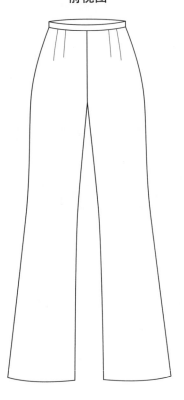

后视图

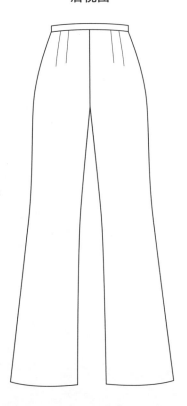

牛仔裤

前视图

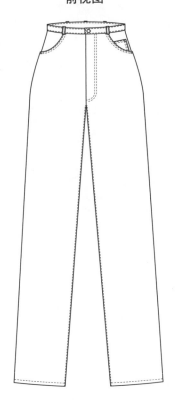

后视图

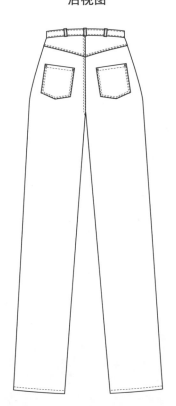

船员裤（搏击裤）

前视图

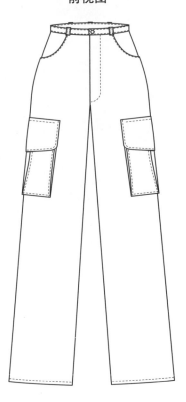

后视图

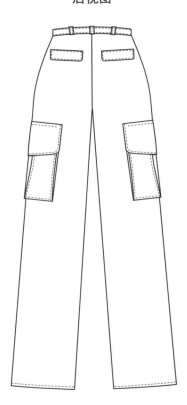

裤装

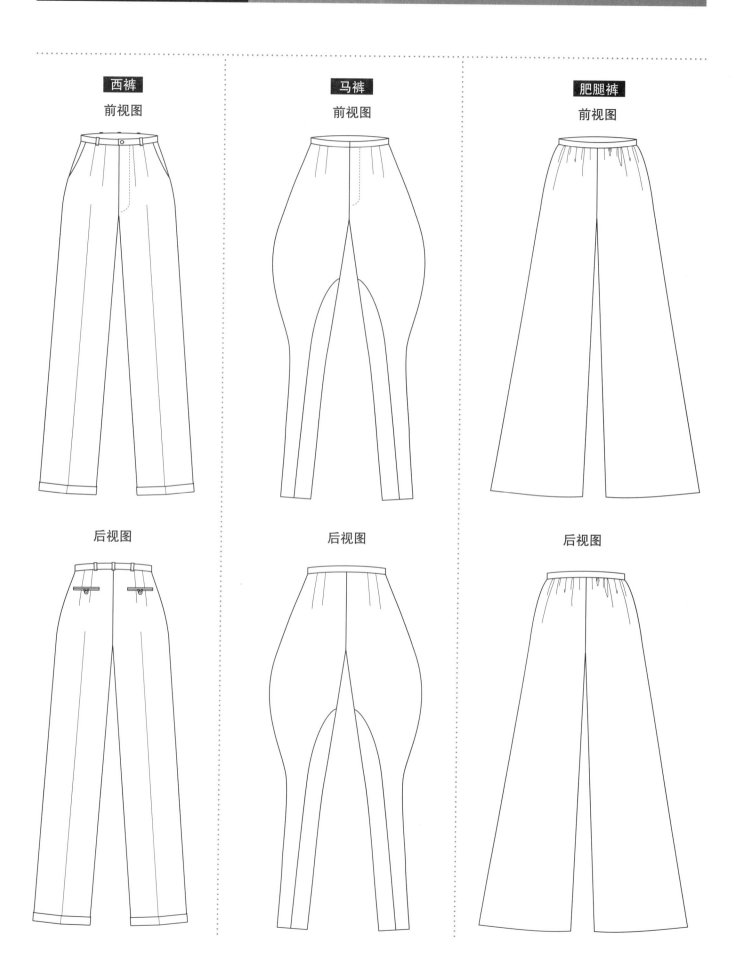

西裤　前视图／后视图
马裤　前视图／后视图
肥腿裤　前视图／后视图

裤装

变化款

水手裤	哈伦裤（伊斯兰后宫裤）	佐阿夫裤
前视图	前视图	前视图

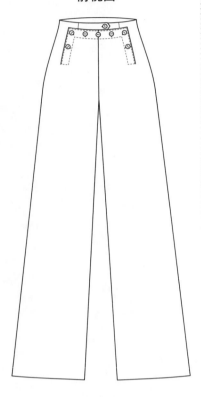 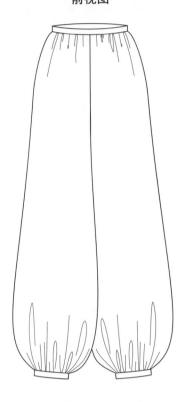 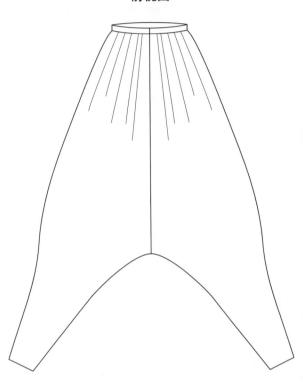

后视图　　　　　　　后视图　　　　　　　后视图

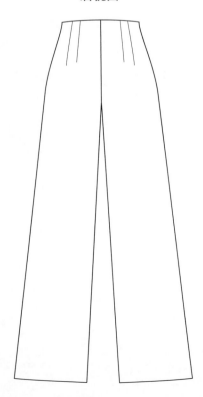 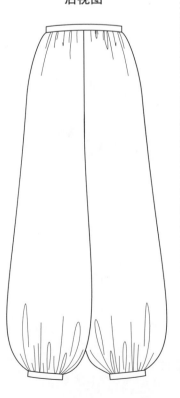 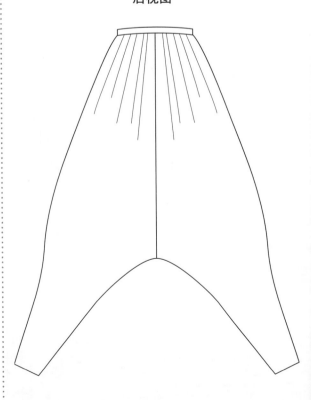

裤装

印度传统宽松裤

前视图

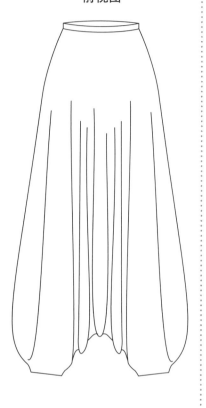

袴裤

前视图

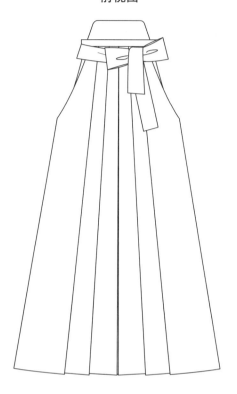

裙裤

前视图

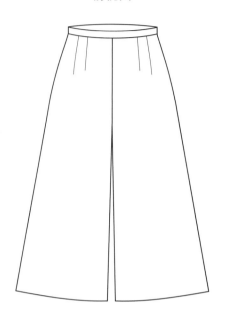

后视图

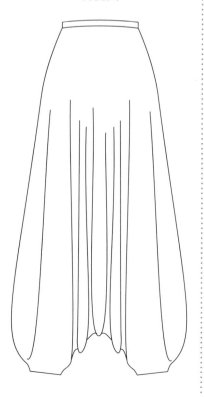

后视图

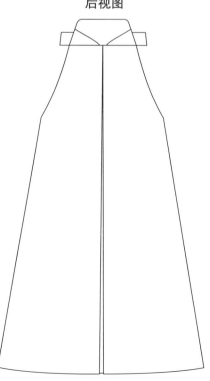

后视图

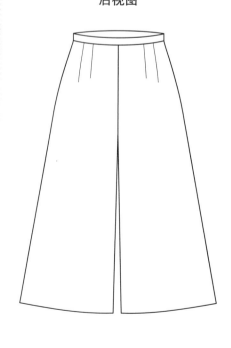

裤装

变化款

短裤（热裤）

前视图

后视图

灯笼短裤

前视图

后视图

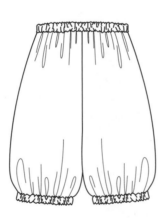

拳击短裤

前视图

后视图

裤装

百慕大短裤

前视图

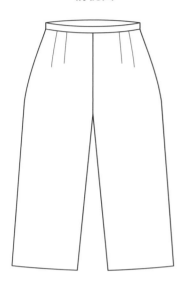

灯笼裤

前视图

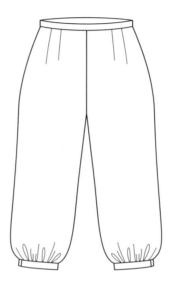

高卓裤

前视图

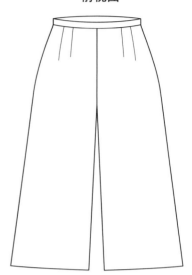

后视图

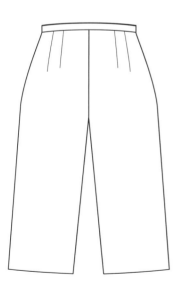

后视图

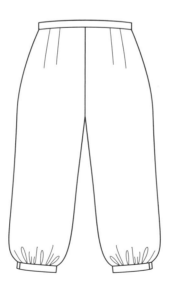

后视图

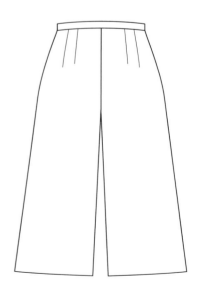

裤装

变化款

卡普里紧身裤（萨布丽娜紧身裤）

前视图

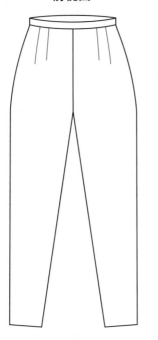

后视图

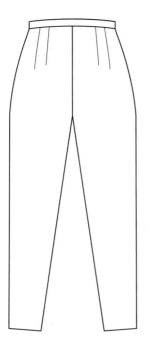

七分裤（女运动裤）

前视图

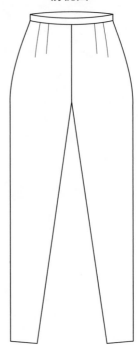

后视图

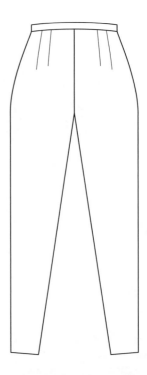

裤装

运动裤(慢跑裤)

前视图

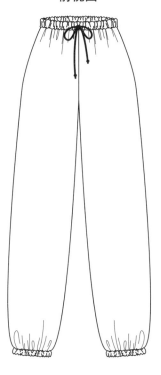

后视图

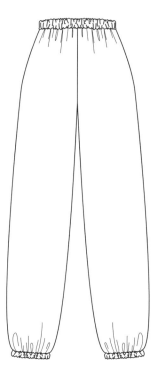

连裤装(轻便服)

前视图

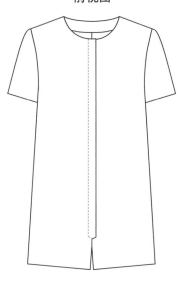

后视图

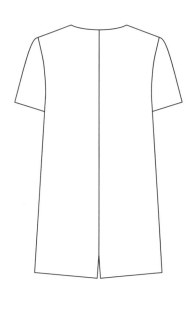

裤装

变化款

工装裤

前视图

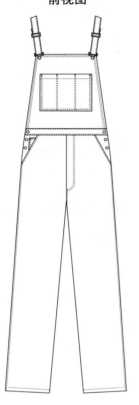

后视图

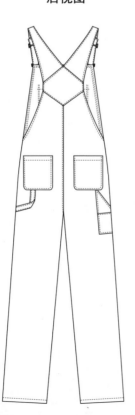

连衣裤（连身工作服）

前视图

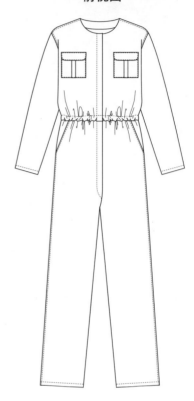

后视图

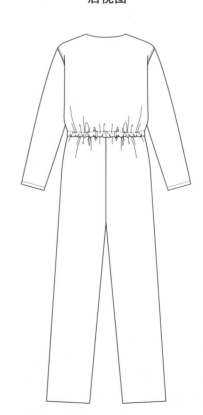

裤装

紧身连衣裤（弹力紧身衣裤）

前视图

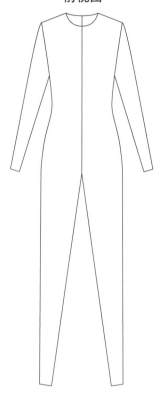

后视图

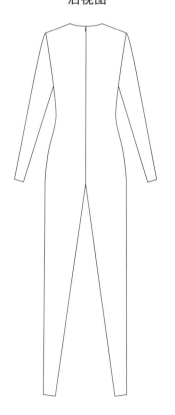

踏脚裤

前视图

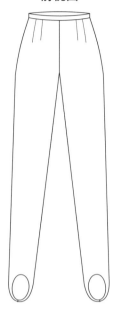

后视图

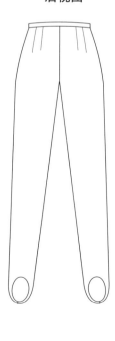

上衣

基本款

吊带背心
前视图

上衣

吊带背心
后视图

第二部分 款式与细节图录 111

基本款

背心
前视图

上衣

背心
后视图

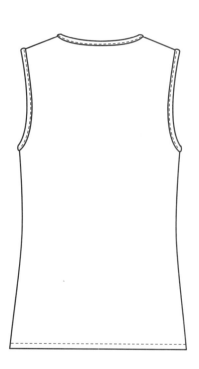

第二部分 款式与细节图录

上衣

基本款

丘尼克背心
前视图

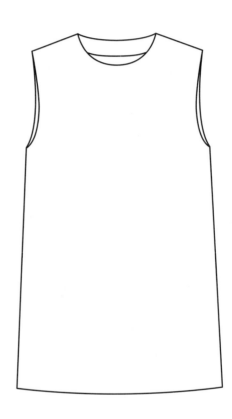

上衣

丘尼克背心
后视图

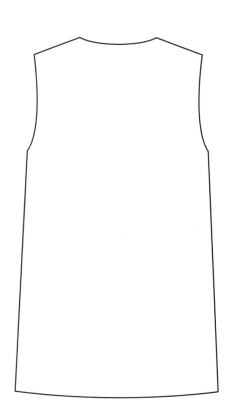

上衣

基本款

T恤
前视图

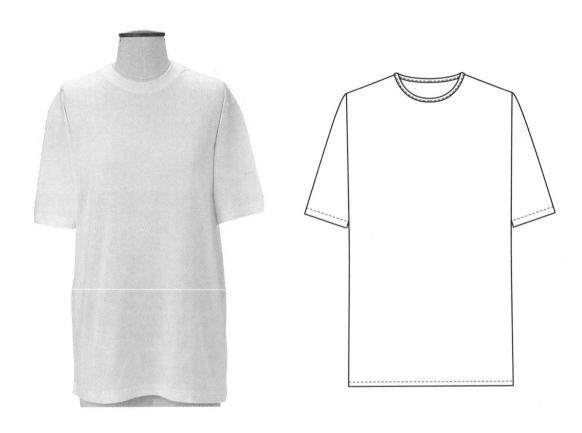

上衣

T恤
后视图

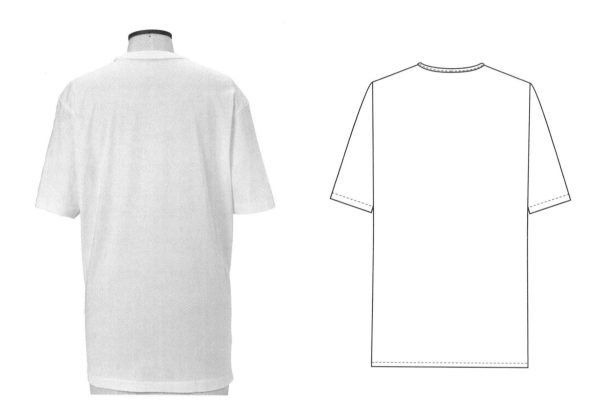

上衣

变化款

| 露腹短上衣（露脐上衣） | 无袖背心 | 西服背心 |

前视图

前视图

前视图

后视图

后视图

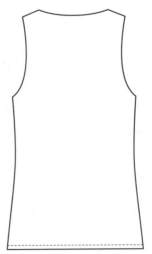

后视图

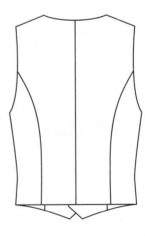

上衣

基本款

衬衫
前视图

衬衫
后视图

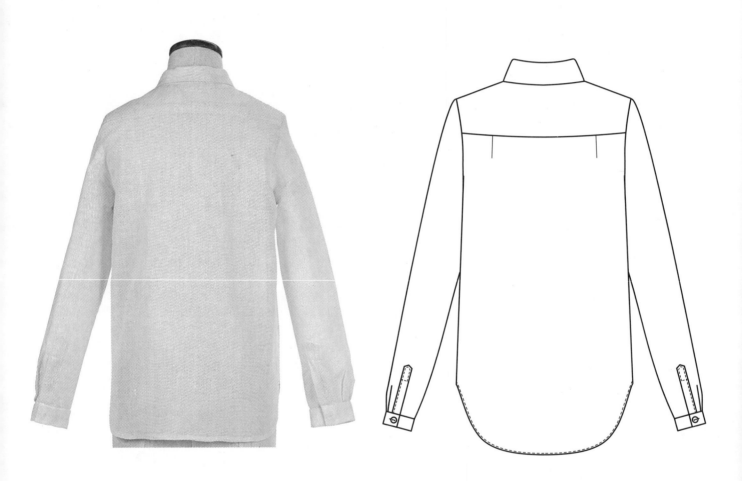

上衣

| 哥萨克女衫 | 吉普赛女衫（农妇衫） | 膨腰女衫 |

前视图 前视图 前视图

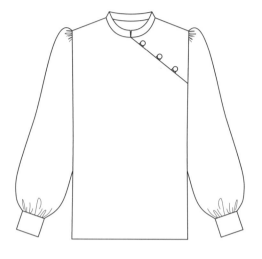  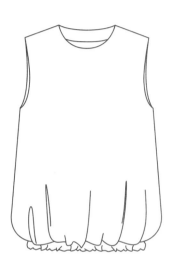

后视图 后视图 后视图

 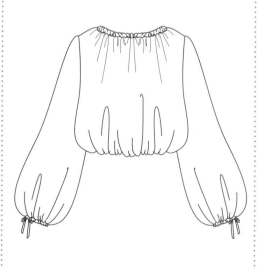 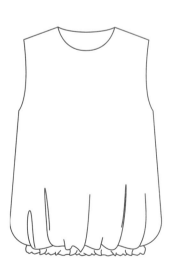

上衣

变化款

叠襟式上衣（芭蕾舞上衣）

前视图

后视图

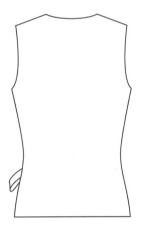

印度宽长上衣

前视图

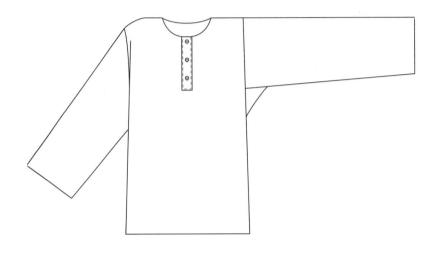

后视图

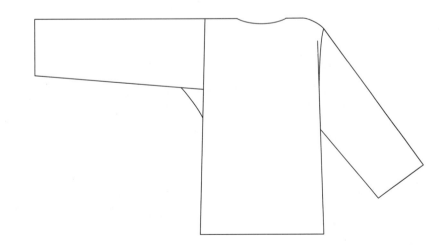

上衣

第二部分　款式与细节图录

开衫

前视图

后视图

女衬衫

前视图

后视图

无肩带上衣（抹胸）

前视图

后视图

上衣

变化款

| 紧身胸衣 | 束腰 | 露背背心（颈部系带背心） |

前视图

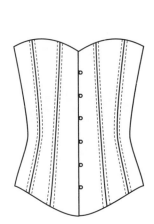

前视图

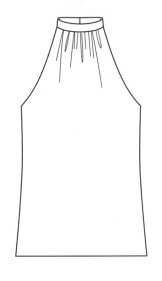

前视图

后视图

后视图

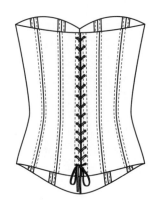

后视图

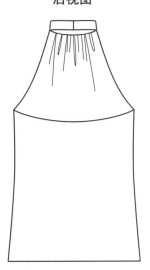

上衣

POLO衫

前视图

运动衫（慢跑服、健身衣）

前视图

紧身连衣裤（紧身连体衣）

前视图

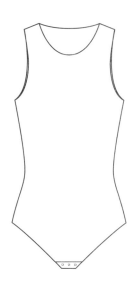

后视图

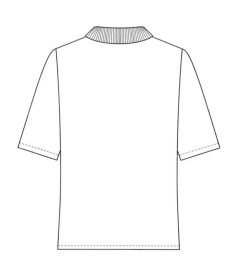

后视图

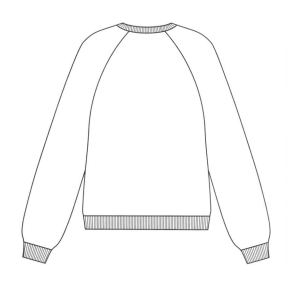

后视图

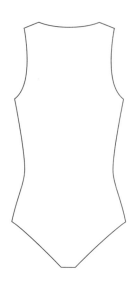

短外套

基本款

经典单排扣西装
前视图

短外套

经典单排扣西装
后视图

短外套

基本款

经典双排扣西装
前视图

短外套

经典双排扣西装
后视图

短外套

基本款

休闲装(便装)
前视图

短外套

休闲装（便装）
后视图

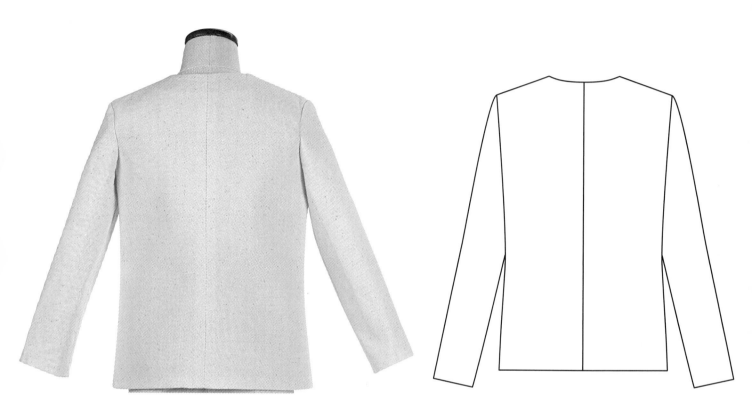

短外套

变化款

女式短夹克	波蕾若夹克（开襟短夹克）	斯宾塞夹克（女式合身短夹克）

前视图　　　　　　前视图　　　　　　前视图

后视图　　　　　　后视图　　　　　　后视图

短外套

布雷泽外套（箱型外套）

前视图

塔士多礼服（小礼服）

前视图

中式上衣（对襟短褂）

前视图

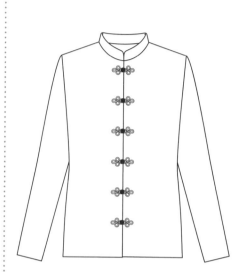

后视图

后视图

后视图

短外套

变化款

尼赫鲁上装

前视图

后视图

猎装

前视图

后视图

诺福克外套

前视图

后视图

短外套

短夹克（下摆边和袖口有松紧带、膨腰夹克、飞行夹克）

前视图

后视图

西部夹克（牛仔夹克）

前视图

后视图

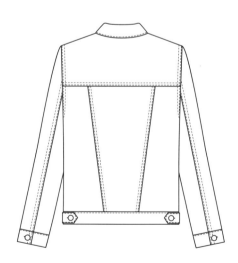

短外套

变化款

骑车夹克（摩托夹克）

前视图

后视图

防风外套（带帽防风衣）

前视图

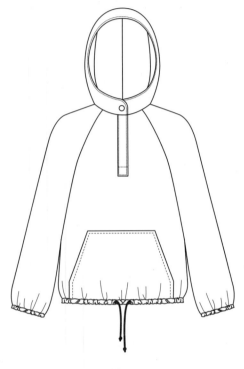

后视图

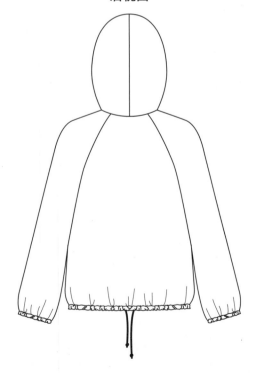

短外套

絮棉坎肩（棉背心、棉马甲）

前视图

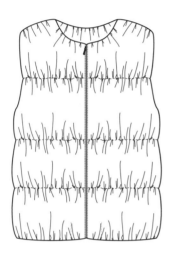

后视图

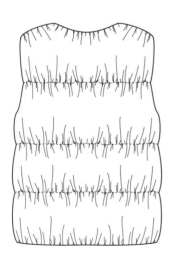

派克式风衣（滑雪服）

前视图

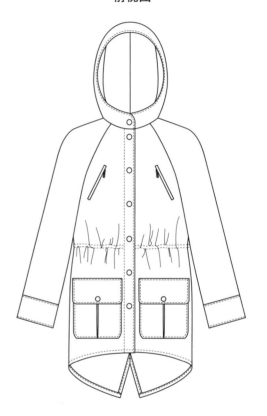

后视图

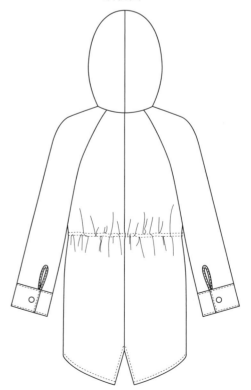

大衣

基本款

经典单排扣大衣
前视图

大衣

经典单排扣大衣
后视图

大衣

基本款

经典双排扣大衣
前视图

大衣

经典双排扣大衣
后视图

大衣

基本款

休闲大衣(简式大衣)
前视图

大衣

休闲大衣(简式大衣)
后视图

大衣

变化款

公主线大衣

前视图

后视图

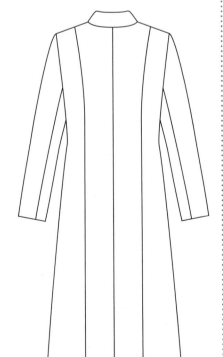

防水胶布雨衣（雨衣）

前视图

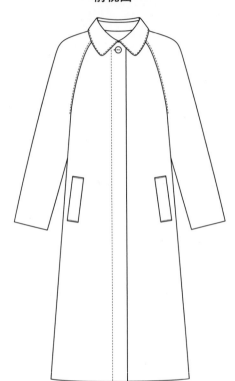

后视图

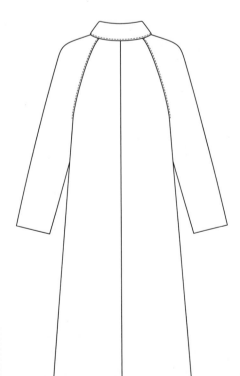

军服式大衣

前视图

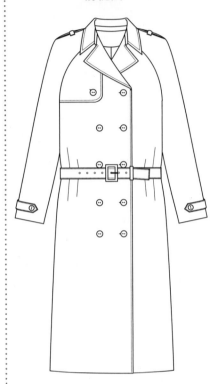

后视图

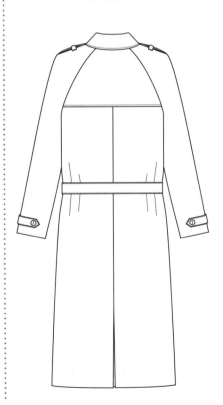

大衣

茧形大衣
前视图

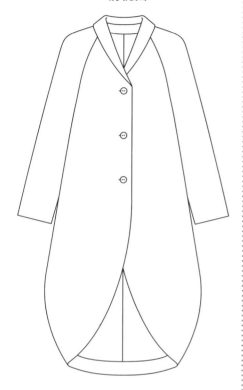

后视图

水兵短大衣
前视图

后视图

宽摆式大衣／大下摆上衣
前视图

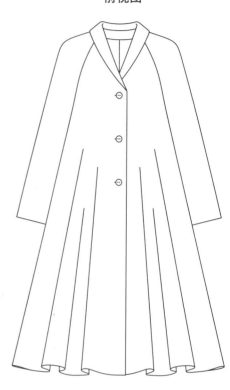

后视图

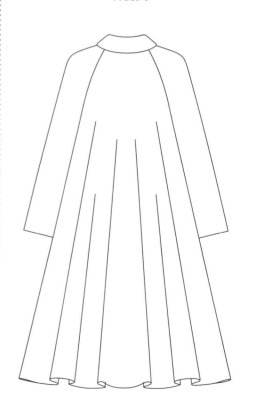

大衣

变化款

燕尾服（日礼服、常礼服）

前视图

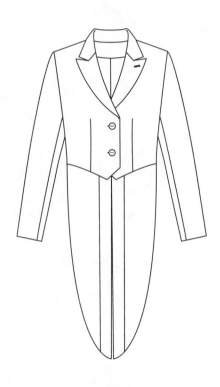

后视图

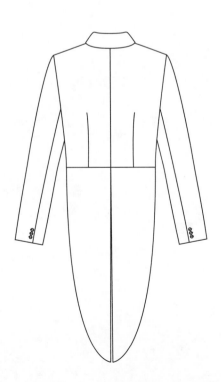

达夫尔大衣（连帽风雪大衣）

前视图

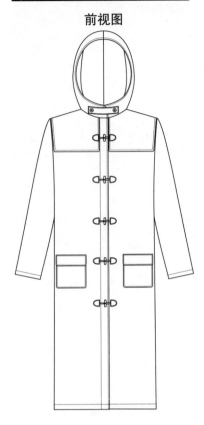

后视图

大衣

防尘大衣
前视图

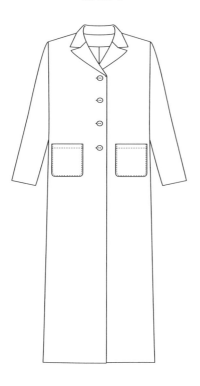

披风（斗篷）
前视图

后视图

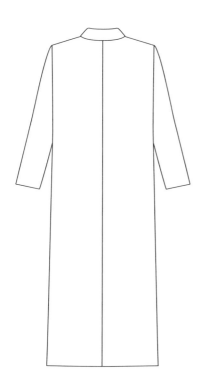

后视图

第二部分　款式与细节图录

领口

基本款

圆领（宝石领）

前视图

后视图

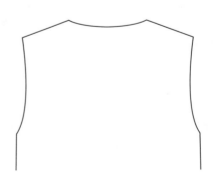

领口

V字领
前视图

后视图

 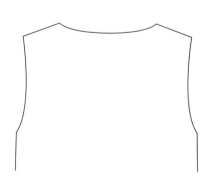

领口

基本款

U型领

前视图

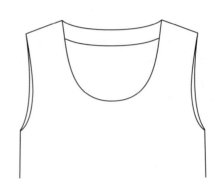

后视图

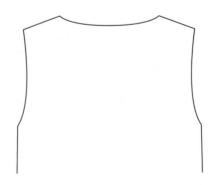

领口

低圆领（勺型领）

前视图

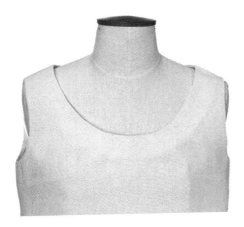
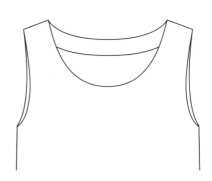

后视图

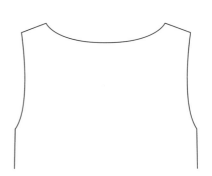

领口

基本款

一字领（船型领）

前视图

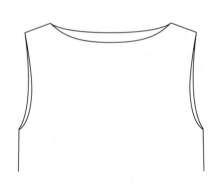

后视图

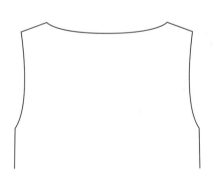

领口

方型领

前视图

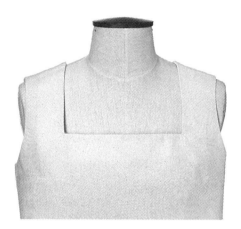
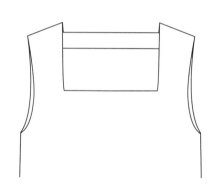

后视图

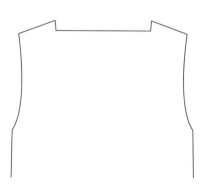

领口

变化款

前视图　　　　　　　　　　　　　　　后视图

切口式领（开衩领）

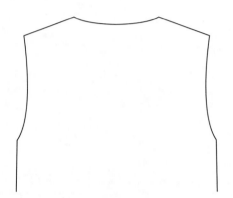

钥匙孔圆领

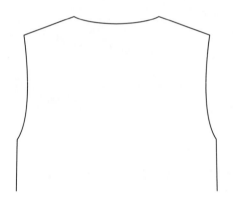

鸡心领

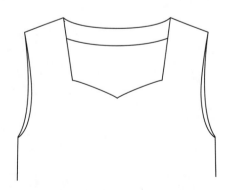
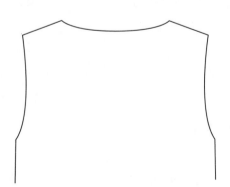

领口

前视图 后视图

不对称领

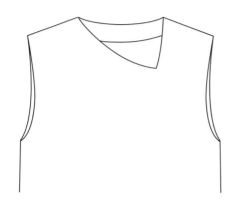 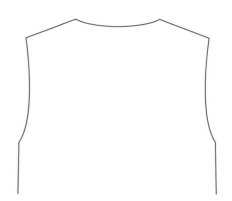

露肩领（单肩领）

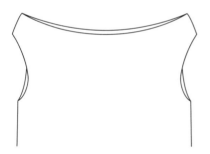 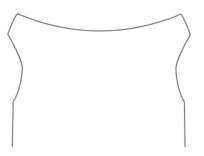

收褶领

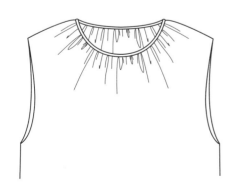 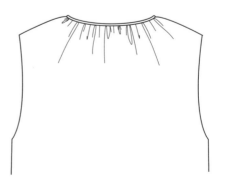

领口

变化款

前视图 后视图

束带领

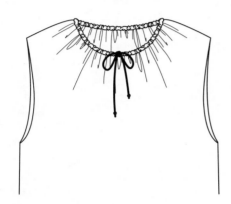 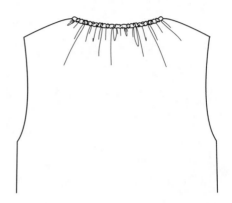

水手领（套头圆领）

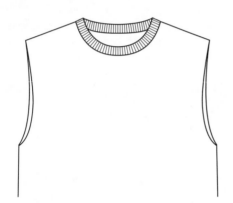 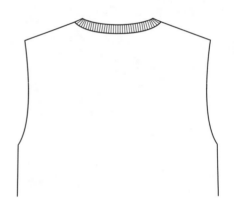

高翻领（Polo领）

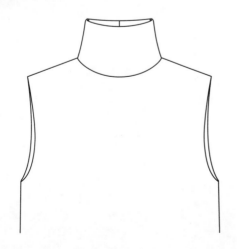 

领口

前视图　　　　　　　　　　　　　后视图

连身立领（漏斗领）

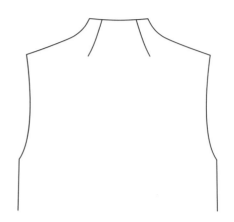

荡领

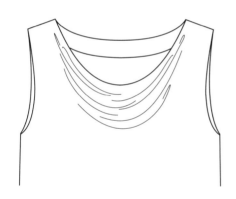
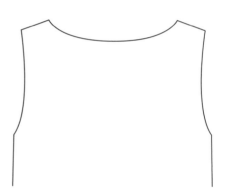

翻领

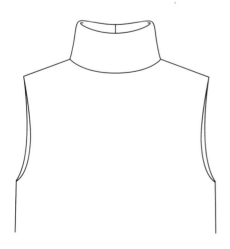
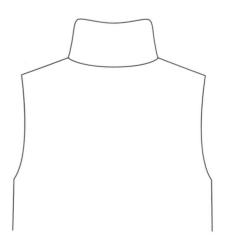

衣领

基本款

两片式衬衫领
前视图

后视图

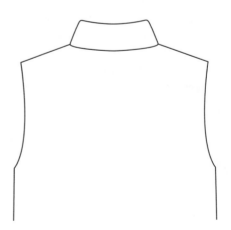

衣领

一片式衬衫领

前视图

后视图

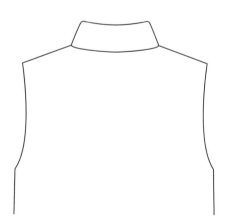

衣领

基本款

西装领

前视图

后视图

衣领

青果领

前视图

后视图

衣领

变化款

前视图 后视图

立领（带型领）

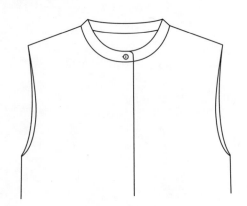 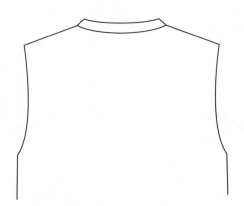

中式立领（旗袍领、尼赫鲁领）

 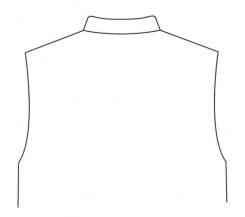

双翼领

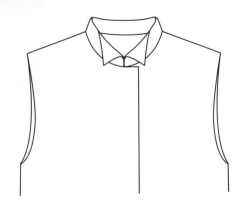 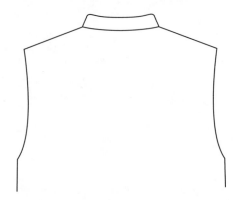

衣领

前视图 后视图

小圆领

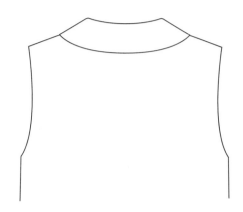

伊顿式翻领

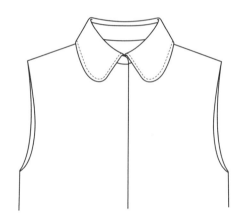
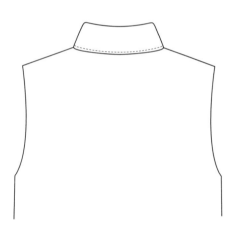

海军领（水兵领）

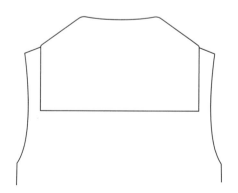

衣领

变化款

前视图 后视图

披肩领

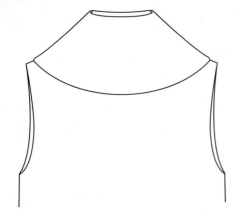 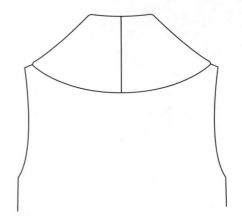

蝴蝶结领

 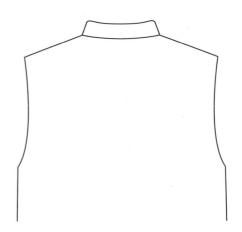

波状式垂领

 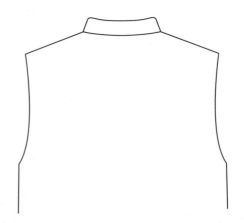

衣领

前视图 后视图

清教徒领（大翻领）

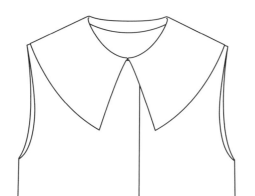
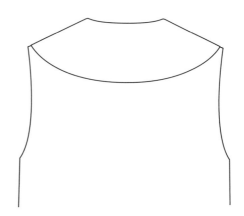

荷叶型领

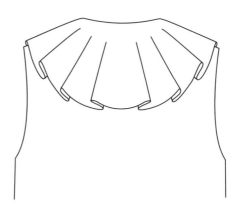

Polo领

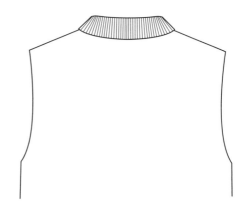

衣袖

基本款

装袖

前视图

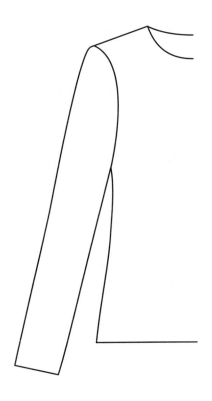

后视图

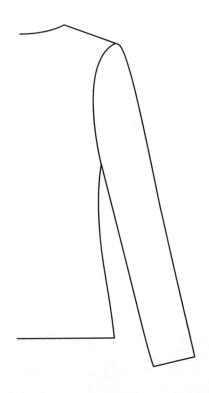

衣袖

落肩袖

前视图

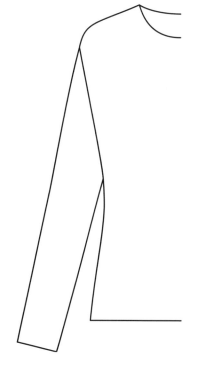

后视图

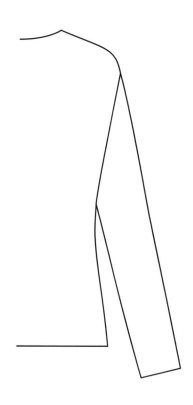

衣袖

基本款

一片袖

前视图

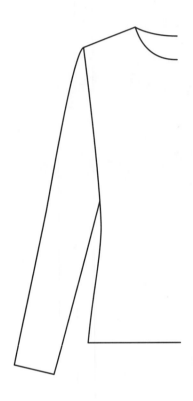

后视图

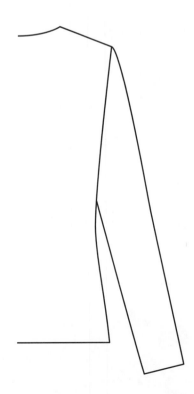

衣袖

两片袖

前视图

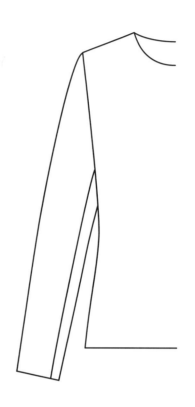

后视图

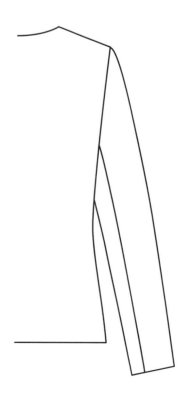

衣袖

基本款

合体袖

前视图

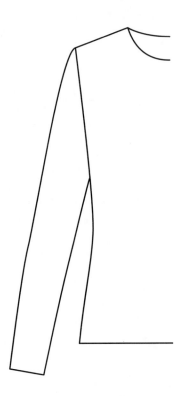

后视图

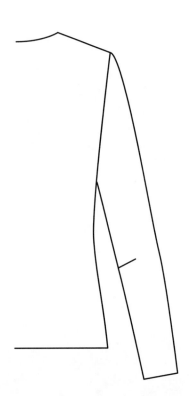

衣袖

衬衫袖

前视图

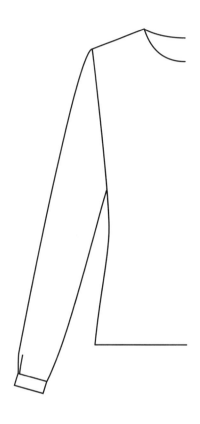

后视图

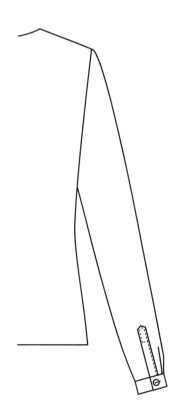

衣袖

变化款

盖肩袖

前视图

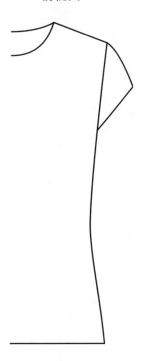

泡泡袖

前视图

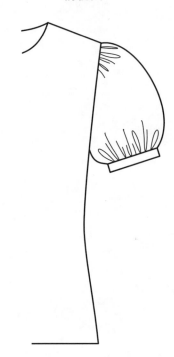

后视图

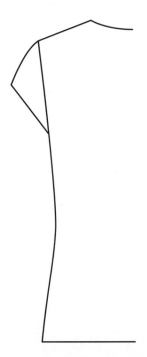

后视图

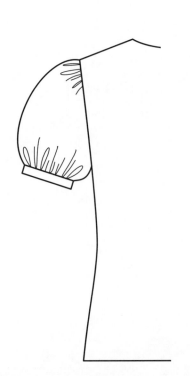

衣袖

喇叭袖

前视图

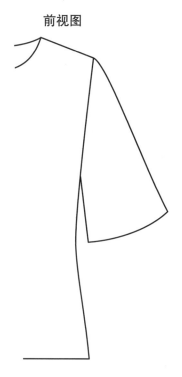

后视图

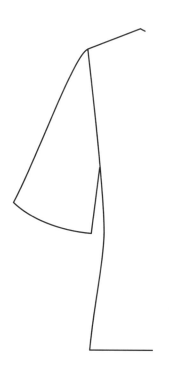

蝴蝶袖（披肩袖、宽摆袖）

前视图

后视图

衣袖

变化款

灯笼袖

前视图

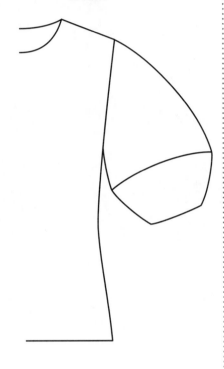

后视图

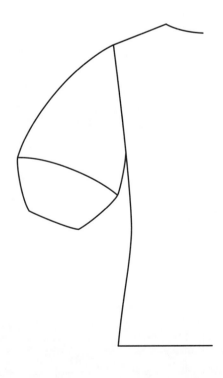

宝塔袖

前视图

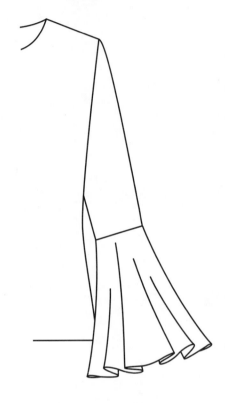

后视图

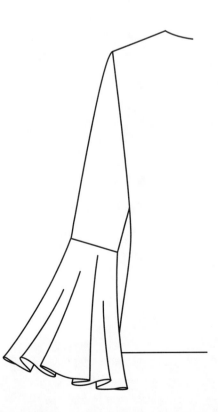

村姑长袖

前视图

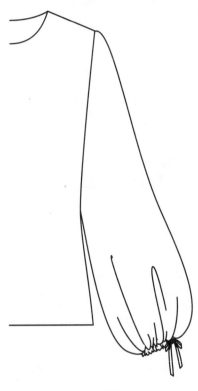

后视图

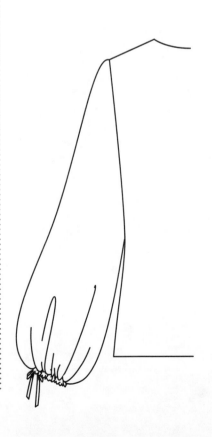

衣袖

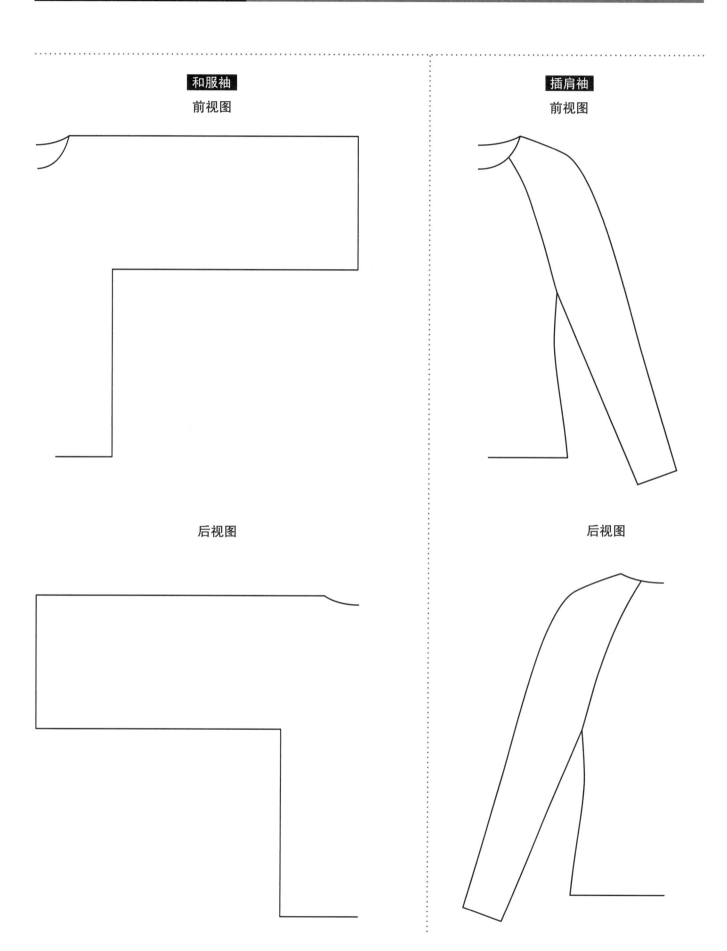

衣袖

变化款

蝙蝠袖

前视图

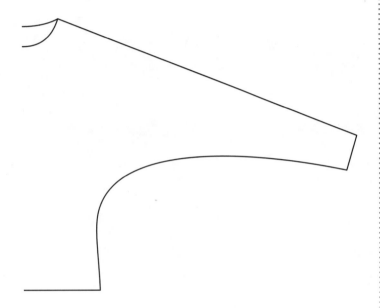

后视图

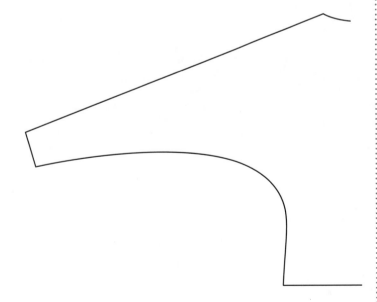

风筝袖

前视图

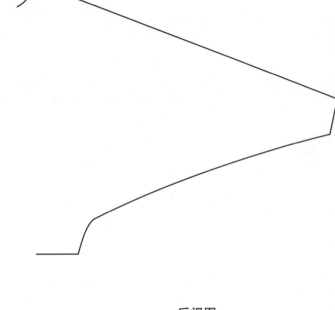

后视图

衣袖

主教袖（紧口大袖）

前视图

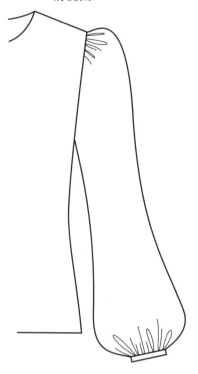

后视图

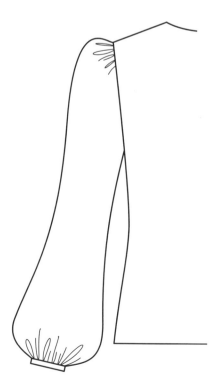

羊腿袖

前视图

后视图

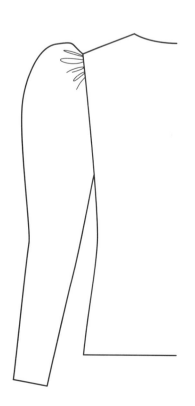

第二部分　款式与细节图录

袖口

基本款

带袖衩袖口

前视图

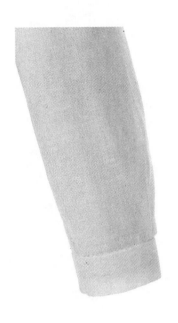
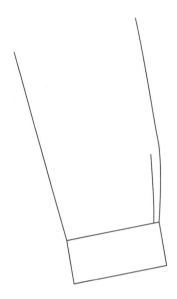

后视图

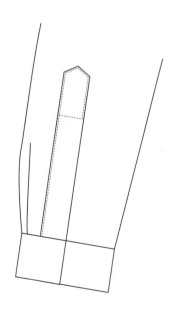

袖口

法式翻边袖口

前视图

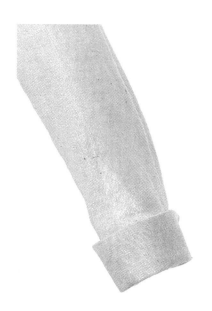
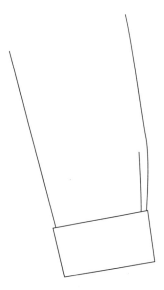

后视图

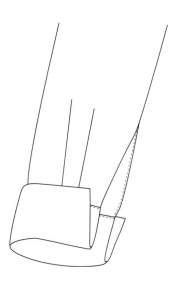

袖口

基本款

带贴边袖口

前视图

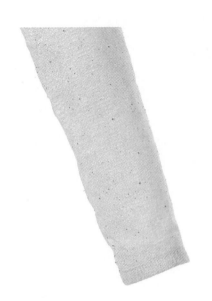
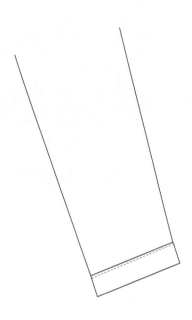

后视图

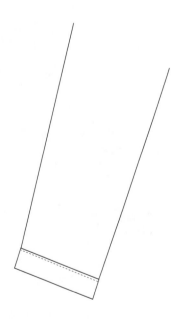

袖口

束带袖口

前视图

 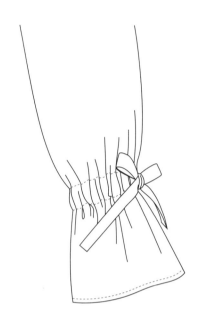

后视图

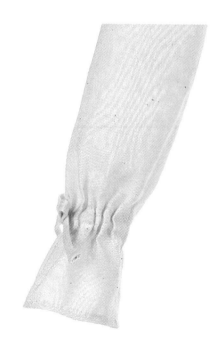 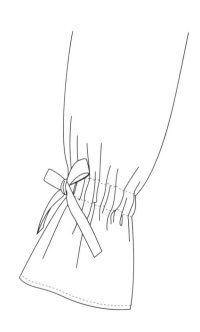

口袋

贴袋

带盖口袋

嵌线口袋（开缝口袋）

口袋

箱式对裥口袋（大贴袋、猎装口袋）

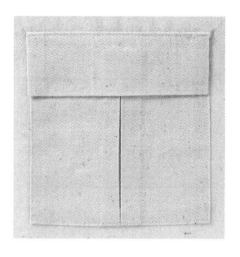
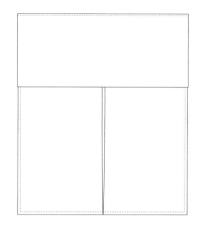

合缝处插袋（侧视图）

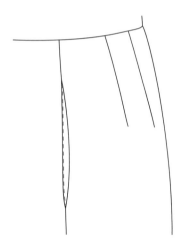

合缝处插袋（内视图）

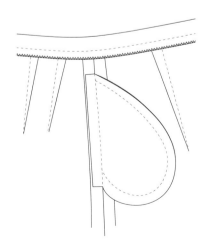

结构细节

省道

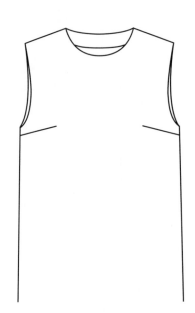

褶裥

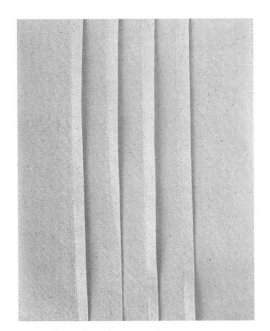

结构细节

抽褶

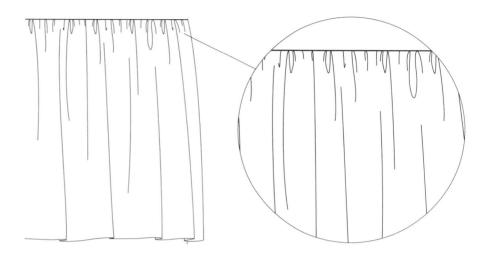

腋下插角布

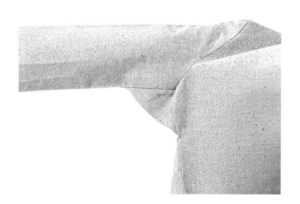
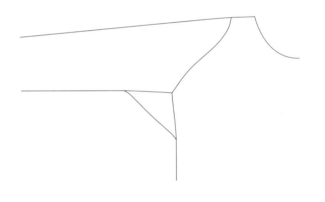

育克

前视图　　　　　　　　　　　　　　　　　　后视图

结构细节

包边

折角拼缝

前视图　　　　　　　　　　　　后视图

   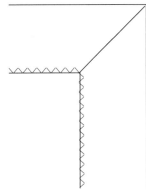

下摆卷边

结构细节

内缝
前视图

后视图

毛边

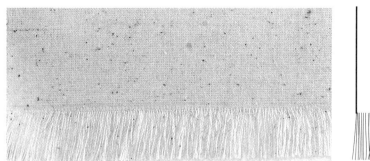

设计细节

缝饰带

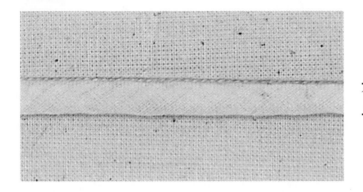

荷叶边（褶边）

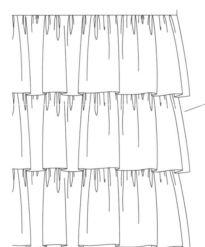
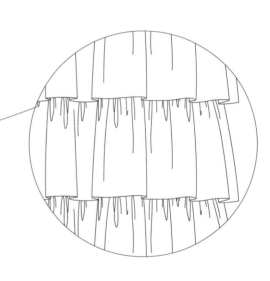

袖口搭袢

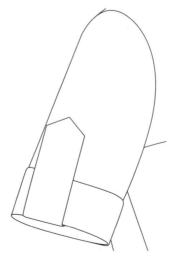

设计细节

袖衩

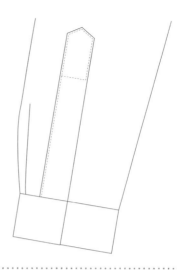

暗门襟

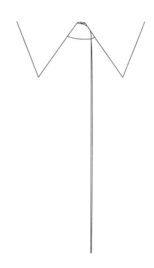

腰襻

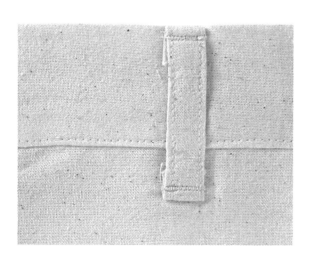
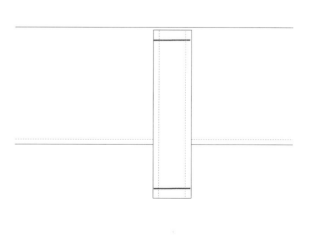

设计细节

领座

前视图　　　　　　　　　　　　　后视图

 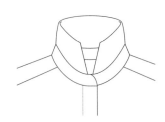  

拉链门襟

 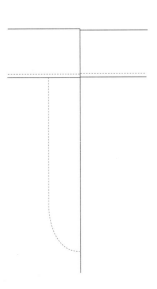

拉开拉链

 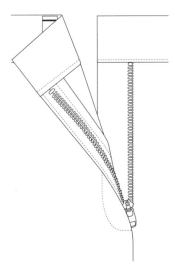

三角形布

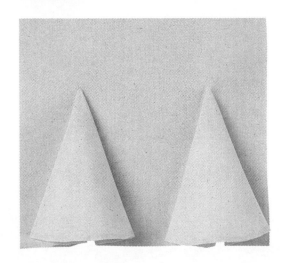 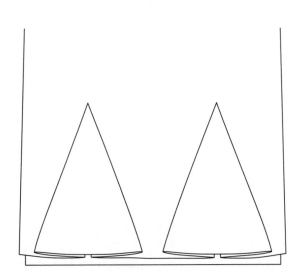

设计细节

开衩

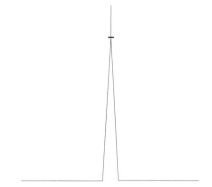

肩襻

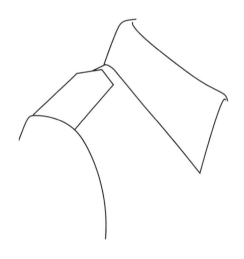

罗纹（1）

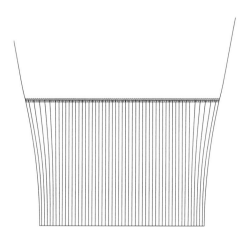

设计细节

罗纹（2）

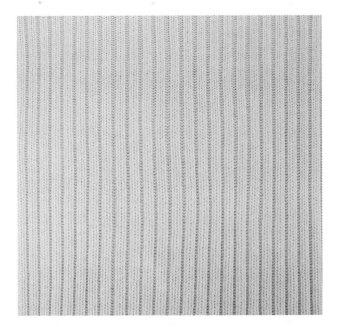
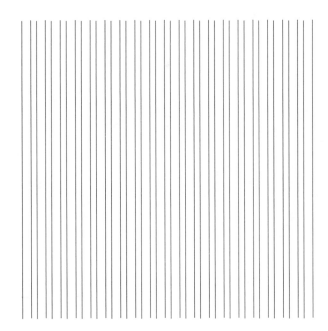

罗纹（3）

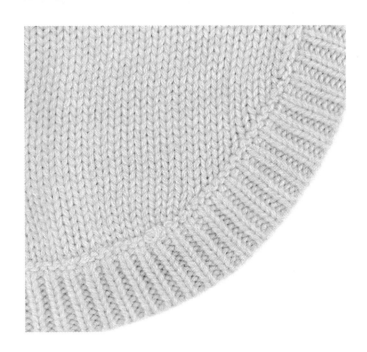
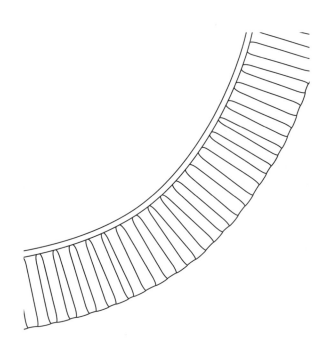

设计细节

翻折边

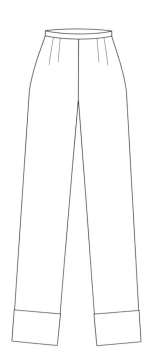

风帽

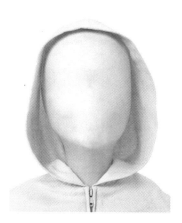
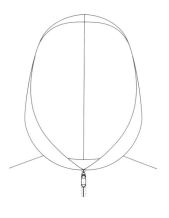

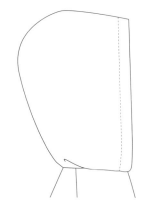

装饰设计细节

褶裥装饰

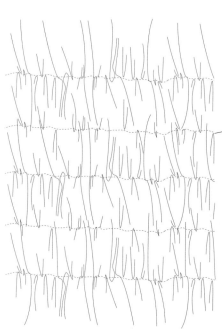
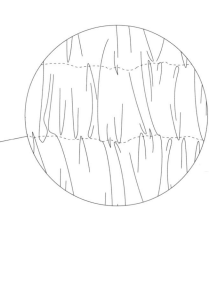

缩褶刺绣

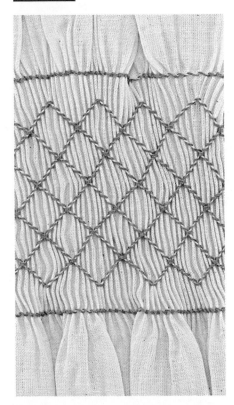
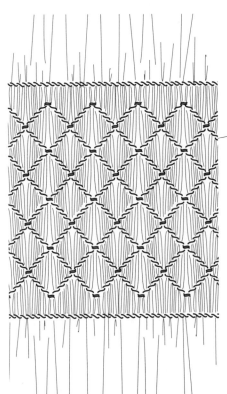
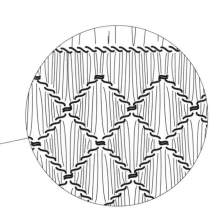

装饰设计细节

荷叶边

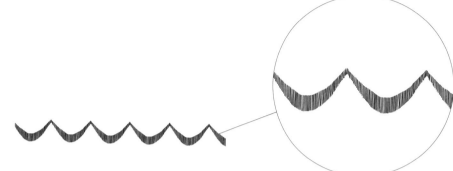

平行皱缝

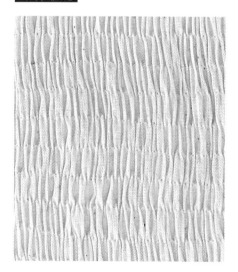
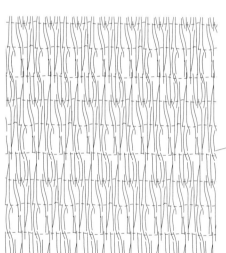
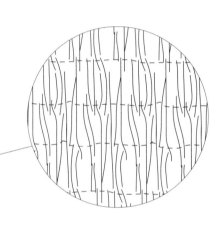

绗缝

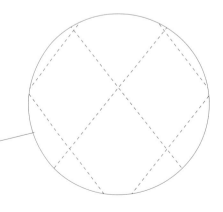

装饰设计细节

嵌花

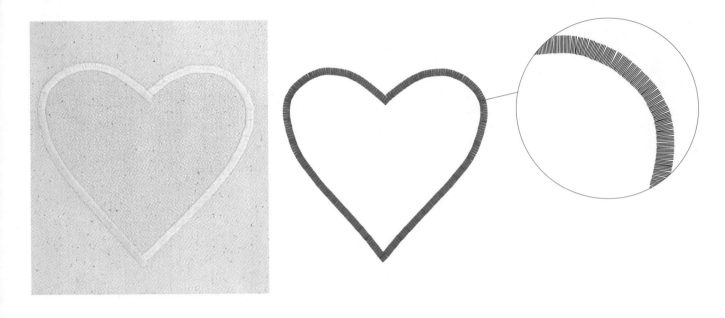

穗带

装饰设计细节

流苏

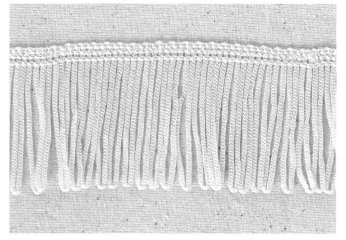
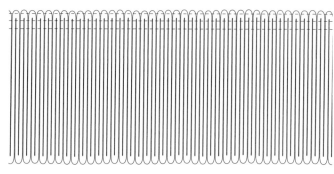

绒球

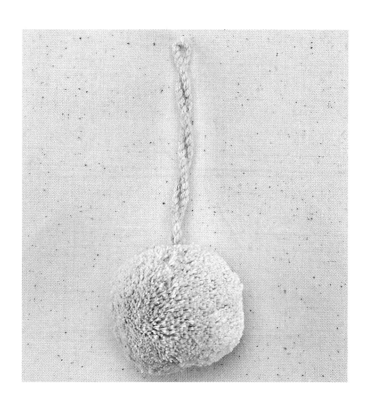
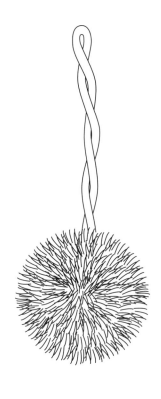

褶

手风琴褶

 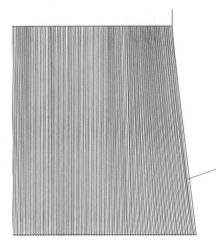 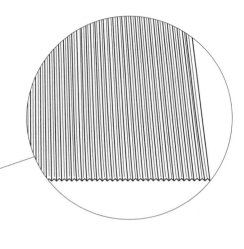

剑褶（刀形窄褶裥）

 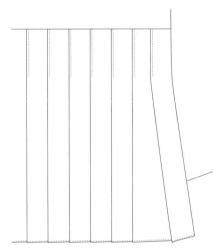 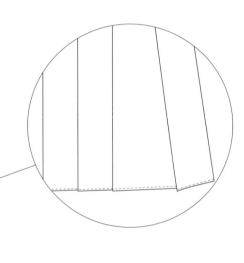

对叠褶裥

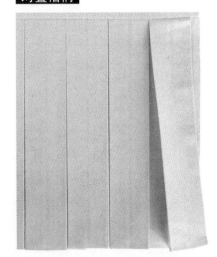 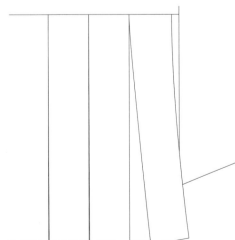 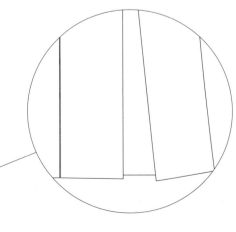

褶

暗裥

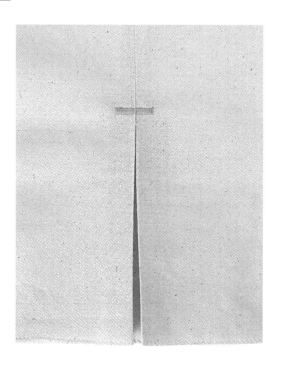
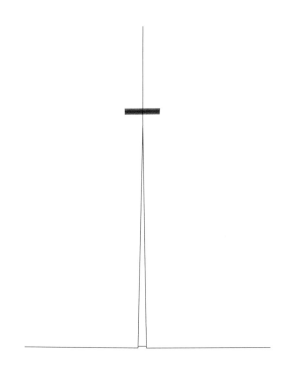

倒褶裥

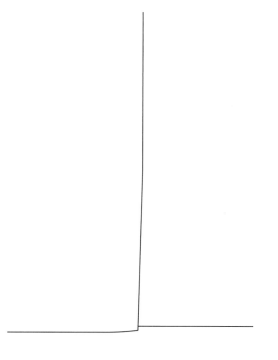

缝法

装饰明线（平缝线迹，单缝线）

装饰明线（平缝线迹，双缝线）

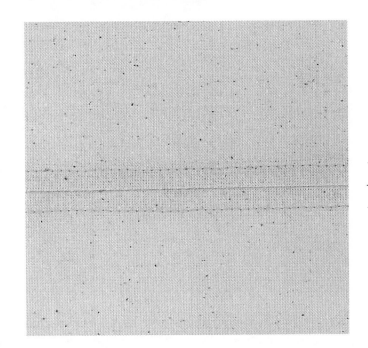

缝法

明包缝（双针缝）

来去缝（法式缝）

缝法

滚边缝

折边缝

缝法

叠缝

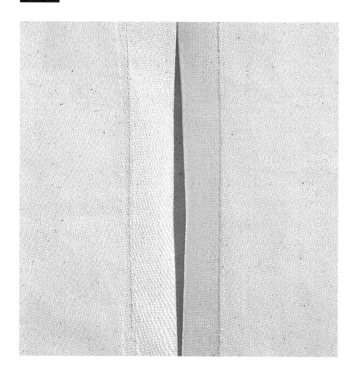

嵌条缝

线迹

直线锁式线迹

双针线迹

人字型线迹

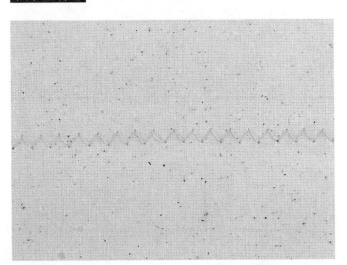

线迹

锁缝线迹

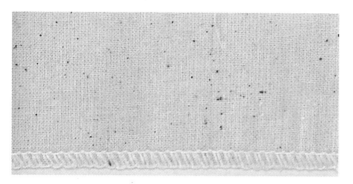

暗缝线迹（卷边缝线迹）

锁缝线迹

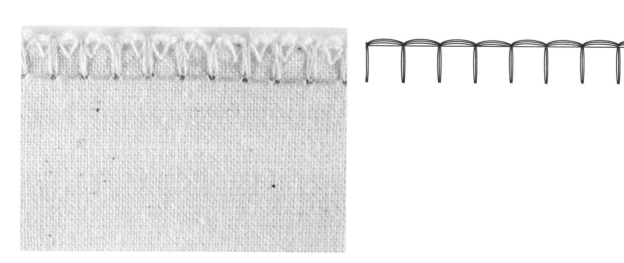

线迹

十字缝迹

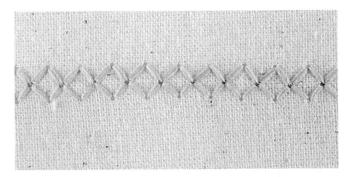 

链形针迹

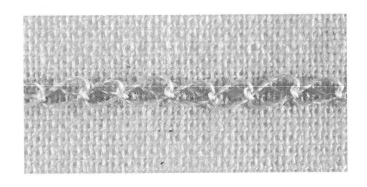 

加固针迹

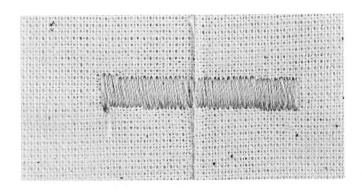 

扣合件与五金

四孔纽扣

 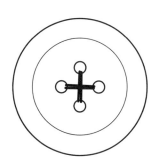

两孔纽扣

 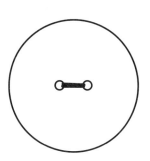

包扣

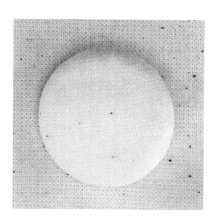 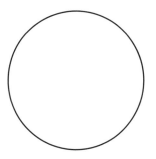

扣合件与五金

揿扣（按扣）

挂钩（未扣合）

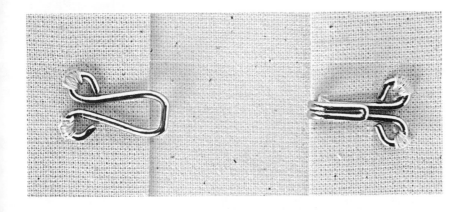

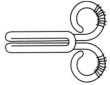

挂钩（扣合）

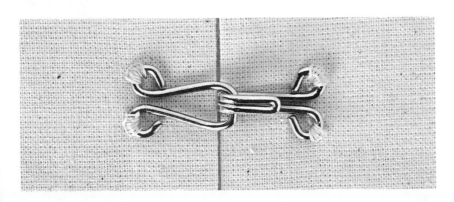

扣合件与五金

蝴蝶结（未打结）

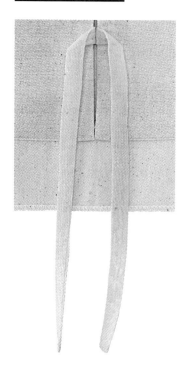
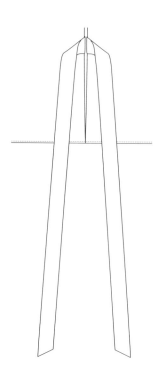

蝴蝶结（打结）

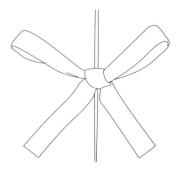

中国结

棒形纽扣

第二部分　款式与细节图录

扣合件与五金

盘花扣

襻扣

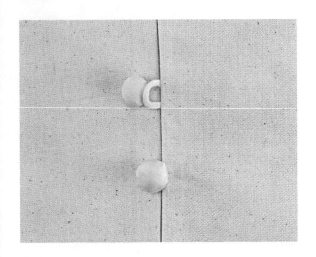 

机械平头锁眼

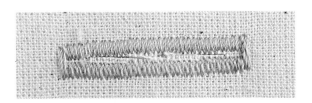 

扣合件与五金

机械圆头锁眼

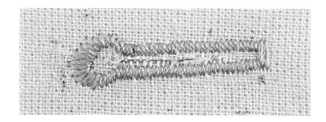

包边扣眼

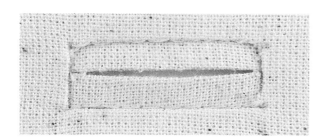
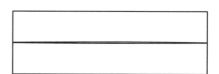

隐形拉链

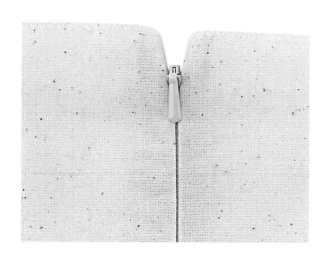
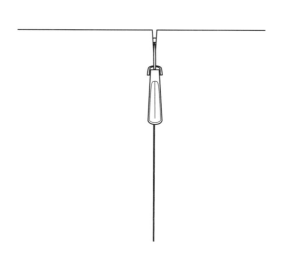

扣合件与五金

明拉链

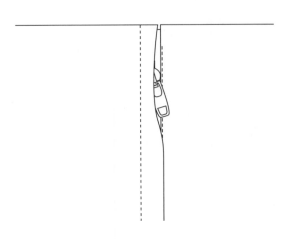

双头拉链

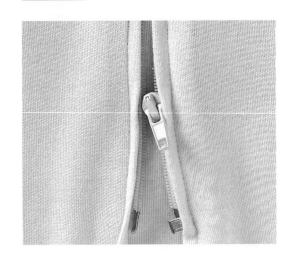
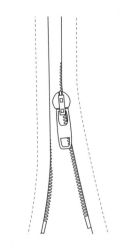

尼龙搭扣

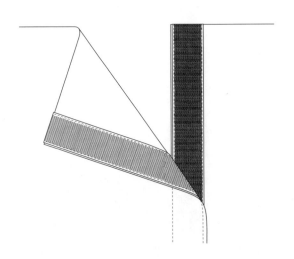

扣合件与五金

气眼

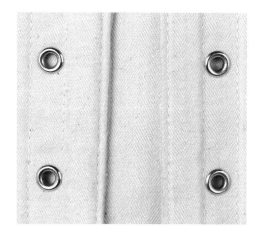
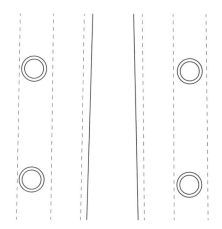

系带

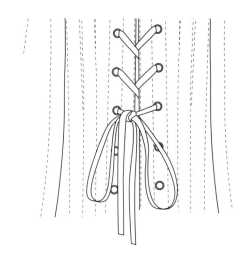

饰扣

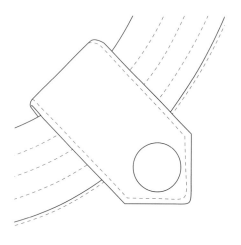

扣合件与五金

铆钉

细绳栓扣

D形扣

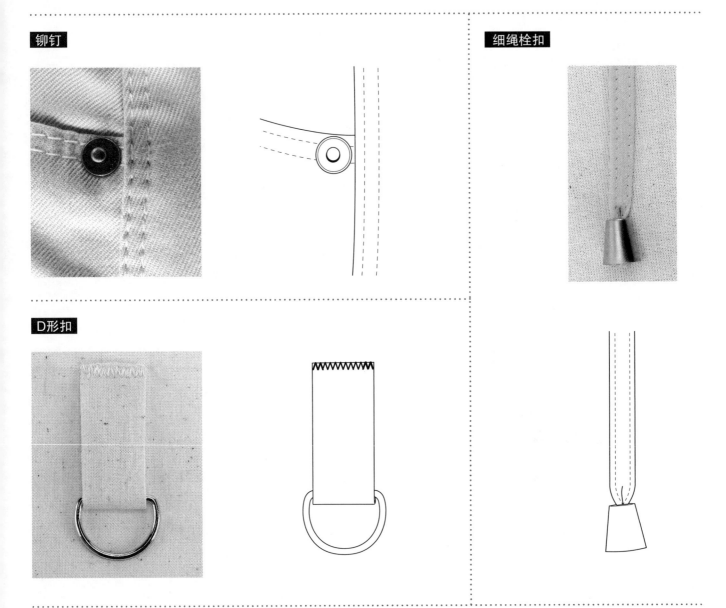

皮带扣

附录

词汇表

A

A字型（A-line） 服装从肩部至腰部及底边呈喇叭形，轮廓类似字母"A"。

衣服（Apparel） 服装的通用术语。

非对称（Asymmetric） 服装或局部细节左边和右边不同，即不对称。

C

CAD 计算机辅助设计。

中心线（Centre-line） 从图的中间向下画垂直线，作为绘画模板的技术起点。

领座（Collar Stand） 将聚酯材料的黏合衬附着在领座内，起到支撑翻领的作用。

着色（Colouring-up） 将绘图渲染以显示其颜色、纹理或图案。

色彩设计（Colourway） 一种颜色或几种颜色的服装配色设计。

成本核算表（Costing sheet） 提供一系列信息，包括制作一件服装的基本要素（面料，辅料，生产成本），以计算出一款服装的制作成本、毛利率以及销售价格。

D

省（Dart） 为了使服装更合体而缝制的锥形结构。

双排扣（Double-breasted） 通常适用于外衣或西装，前门襟重叠，包裹整个胸部并且用纽扣系扎，扣好的时候门襟处呈两排扣制式。

F

款式图（Flats） Flats为款式图在美国的叫法。

饰扣（Frogging） 用绳编织的具有装饰、紧固作用的纽扣，如中国的盘扣。

G

三角形布片（Godet） 三角布片或三角形的织物插入到服装中增加服装内空间。

插角布（Gusset） 三角形或菱形块布料插到服装的某部位以加强或扩大这一部分，一般用于腋下或裆部。

H

配饰（Hardware） 服装上使用的一些附件、配件及装饰品。

L

驳头（Lapel） 在衬衫和西装中常用的领部造型。专指领子里襟上部向外翻折的部位，里襟向外倒向胸部，形成一个近似三角形的领片。

灯箱（Light Box） 箱形桌，通常由聚丙烯酸酯类制成桌面，从下面进行照明，以辅助描图和绘画工作。

样册（Look Book） 设计师和制作者的作品集，主要包括一季的产品、技术性的款式图、T台拍摄的图片以及时装插画。

M

人台（Mannequin） 用来展示服装的人体半身模特。

营销规划展示图（Merchandising plan） 用图示表示一个商店的空间，在系列产品进入店铺以前，利用二维或三维的视觉图示设计出系列服装展示陈列的效果。

O

罩衫（Outerwear） 指穿在其他衣服最外层的服装。

P

开口（Placket） 在服装上设计的开口，以方便穿着，位置常常设计在服装的腰部、领子、袖口或者颈部。

主视图（Plan View） 从正面透视的服装图。

加大码（Plus Size） 为较大身材设计的服装，尺寸超出了常规的范围

公主线（Princess Line） 在女装中常常使用的造型线，使服装从腰部到底摆边呈现出流畅的小喇叭型。

R

服装系列款式图（Range Board） 表达系列服装的风格及配色方案的图片

系列款式图（Range Sheet Line Sheet） 将一个系列的所有款式以较小的款式图表现在一张规格表中。这种用于销售的系列款式图主要包括服装款式、色彩、面料、订货数量、交货期限、生产与销售价格等提供给批发商的信息。

驳折领（Reve） 里襟翻折过来形成的领型。

铆钉（Rivet） 用于服装装饰作用的金属扣件。

S

嵌入（Set-in） 服装部件的缝制方法，例如袖子嵌入衣身袖窿的缝合方法。

草图（Sketch） 随意的绘画表达方式，注重设计理念的表现，不需要准确的比例。

规格尺寸或规格表（Specification Sheet） 用于技术性绘图（正面及背面视图，如果需要还有侧视图和内部细节视图），以及生产服装时所需要的所有结构尺寸。

快速设计（Speed Designing） 一种快捷的款式图绘制方法。利用人体基础模板绘制服装款式，而且可以利用这个人体基础模板绘制出若干数量的变化款，可以生成有效而准确的服装款式图。

T

服装款式图（Technical Drawing） 又被称为平面图、工程图或线条画。它是准确表现款式造型和结构的绘画。

坯样（Toile） 进行服装立体剪裁是设计过程的第一步，利用这个方法可以直观地看见服装三维视觉效果，用以评价款式是否合适等。通常用白坯布制作。

流行预测手册（Trend Book） 行业出版的预测性书刊，包括灵感来源，织物样品以及服装款式图等，为未来一季的服装设计提供新的理念和预测。

V

开衩（Vent） 为了便于活动服装的一些部位开口，如脊缝衩、袖衩等。

W

贴边（Welt） 服装局部用于装饰或加强作用布带，例如口袋或接缝处。

Y

育克（Yoke） 服装装配部件，通常在肩部（衬衫、外套等），或者在臀腰部（裙子和裤子），育克和服装的其他部位连接。

专业协会名录

EUROPE

UK
British Apparel and Textile Confederation (BATC)
5 Portland Place, London W1N 3AA
Tel: +44 (0)20 7636 7788
Fax: +44 (0)20 7636 7515
Email: batc@dial.pipex.com
Website: www.batc.co.uk

British Clothing Industry Association (BCIA)
5 Portland Place, London W1B 1PW
Tel: +44 (0)20 7636 7788 or +44 (0)20 7636 5577
Fax: +44 (0) 20 7636 7515
Email: contact@5portlandplace.org.uk
Website: www.5portlandplace.org.uk

British Fashion Council (BFC)
5 Portland Place, London W1B 1PW
Tel: + 44 (0) 20 7636 7788
Fax: +44 (0)20 7436 5924
Email: emmacampbell@britishfashioncouncil.com
www.britishfashioncouncil.com

EMTEX LTD (Designer Forum)
69–73 Lower Parliament Street,
 Nottingham NG1 3BB
Tel: +44 (0)115 9115339
Fax: +44 (0) 115 911 5345
Email: info@design-online.net
Website: www.design-online.net

Fashion and Design Protection Association Ltd.
69 Lawrence Road, London N15 4EY
Tel: +44 (0)20 8800 5777
Fax: +44 (0)20 8880 2882
Email: info@fdpa.co.uk
Website: www.fdpa.co.uk

Northern Ireland Textile and Apparel Assoc. Ltd.
5c The Square, Hillsborough BT26 6AG
Tel: +44 (0)2892 68 9999
Fax: +44 (0)2892 68 9968
Email: info@nita.co.uk

Register of Apparel & Textile Designers
5 Portland Place, London W1N 3AA
Tel: +44 (0)20 7636 5577
Fax: +(44) (0)20 7436 5924
Email: contact@5portlandplace.org.uk
Website: www.5portlandplace.org.uk

France
Chambres Syndicale de la Couture Parisienne
45 Rue Saint-Roch, 75001 Paris
Tel: + 33 (0)1 4261 0077
Fax: +33 (0)1 4286 8942
Email: ecole@modeaparis.com
Website: www.modeaparis.com

Fédération Français du Prêt-à-Porter Féminine
5 Rue Caumartin, 75009 Paris
Tel: +33 (0)1 4494 7030
Fax: +33 (0)1 4494 7004
Email: contact@pretparis.com
Website: www.pretaporter.com

Fédération Française des Industries du
 Vêtement Masculin
8 Rue Montesquieu, 75001 Paris
Tel. : +33 (0)1 44 55 66 50
Fax : +33 (0)1 44 55 66 65
Website: www.lamodefrancais.org.fr

Germany
Confederation of the German Textile
 and Fashion Industry
Frankfurter Strasse 10–14, D-65760 Eschborn
Tel: +49 6196 9660
Fax: +49 6196 42170
Email: info@textil-mode.de
Website: www.textil-mode.de

Italy
Associazione Italiana della Filiera Tessile
 Abbigliamento SMI
Federazione Tessile e Moda
Viale Sarca 223, 20126 Milano
Tel: +39 (0)2-641191
Fax: +39 (0)2-66103667 / 70
Website: www.smi-ati.it
Email: info@sistemamodaitalia.it

Centro di Firenze per la Moda Italiana
Via Faenzan, 111, 50123, Florence
Tel: +39 (0)553 6931
Fax: +39 (0)5536 93200
Email: cfmi@cfmi.it
Website: www.cfmi.it

Spain
Association of New and Young Spanish Designers
Segovia 22, Bajos CP 28005 Madrid
Tel: +34 915 475 857
Fax: +34 915 475 857
Website: www.nuevosde.com
Email: nuevosdisenadores@telefonica.net

ASIA AND THE PACIFIC

Australia
Council of Textiles and Fashion Industries,
 Australia Ltd (TFIA)
Level 2, 20 Queens Road, Melbourne, VIC 3004
Tel: +61 (0) 38317 6666
Fax: +61 (0) 38317 6666
Email: info@tfia.com.au
Website: www.tfia.com.au

Design Institute of Australia
486 Albert Street, East Melbourne, VIC 3002,
 GPO Box 4352
Tel: +61 (0) 38662 5490
Fax: +61 (0) 38662 5358
Email: admin@design.org.au
Website: www.dia.org.au

Australian Fashion Council
Showroom 16, 23–25 Gipps Street,
 Collingwood VIC 3066
Tel: +61 (0) 38680 9400
Fax: +61 (0) 38680 9499
Email: info@australianfashioncouncil.com
Website: www.australianfashioncouncil.com

Melbourne Design and Fashion Incubator (MDFI)
Shop 238, Level 2, Central Shopping Centre, 211
 La Trobe Street, Melbourne 3000, Victoria
Tel: +61 (0) 39671 4522
Email: info@fashionincubator.com.au
Website: www.fashionincubator.com.au

China
China National Textile and Apparel Council
China Textile Network Company, Rm 236, No 12,
 Dong Chang'an Street, Beijing 100742
Tel: +86 10 85229 100
Fax: +86 10 85229 100
Email: einfo@ml.ctei.gov.cn
Website: www.ctei.gov.cn

China Fashion Designers Association
Room 154, No 12, Dong Chang'an Street,
 Beijing, 100742
Tel: +86 1085 229427
Fax: +86 1085 229037

Japan
Japan Fashion Association
Fukushima Building, 1-5-3 Nihonbashi –
 Muromachi, Chuo – ku, Tokyo, 103-0022
Tel: +81 33242 1677
Fax: +81 33242 1678
Email: info@japanfashion.or.jp
Website: japanfashion.or.jp

Japan Association of Specialist in Textile
 and Apparel
Jasta Office, 2-11-13-205, Shiba – koen,
 Minato – Ku, Toyko 105-0011
Tel: +81 03 3437 6416
Fax: +81 03 3437 3194
Email: jasta@mtb.biglobe.ne.jp
Website: jasta1.or.jp/index_english.html

NORTH AMERICA

USA
American Apparel and Footwear Association
1601 N Kent Street, Suite 1200, Arlington VA
 22209
Tel: +1 703 524 1864
Fax: +1 703 522 6741
Website: www.apparelandfootwear.org

Council of Fashion Designers of America
1412 Broadway Suite 2006, New York 10018
Tel: +1 212 302 1821
Website: www.cfda.com

Fashion Group International New York
8 West 40th Street, 7th Floor, New York NY10018
Tel: +1 212 302 5511
Fax: +1 212 302 5533
Email: e-cheryl@fgi.org
Website: www.fgi.org

International Textile and Apparel Association
ITAA 6060 Sunrise Vista Drive, Suite 1300,
 Citrus Heights, CA 95610
Tel: +1 916 723 1628
Email: info@itaaonline.org
Website: www.itaaonline.org

Brazilian–American Fashion Association
 (BRAMFSA)
PO Box 83-2036, Delray Brach, Florida 33483
Website: www.bramfsa.com

Canada
Canadian Apparel Federation
124 O'Connor Street, Suite 504, Ottawa, Ontario
 K1P 5M9
Tel: +1 613 231 3220
Fax: +1 613 231 2305
Email: info@apparel.ca
Website: www.apparel.ca

拓展阅读

Abling, Bina and Kathleen Maggio, *Integrating Draping, Drafting and Drawing*, Fairchild, 2008

Centner, Marianne, and Frances Vereker, *Adobe Illustrator: A Fashion Designer's Handbook*, Blackwell, 2007

Aldrich, Winifred, *Metric Pattern Cutting for Children's Wear and Babywear*, Blackwell Publishing, 4th edition, 2009

Aldrich, Winifred, *Metric Pattern Cutting for Menswear*, Blackwell Publishing, 4th edition, 2008

Aldrich, Winifred, *Metric Pattern Cutting for Womenswear*, Blackwell Publishing, 5th edition, 2008

Armstrong, Helen Joseph, *Patternmaking for Fashion Design*, Pearson Education, 4th edition, 2005

Bray, Natalie, *Dress Pattern Designing*, Blackwell Publishing, 2003

Burke, Sandra, *Fashion Artist: Drawing Techniques to Portfolio Presentation*, Burke Publishing, 2nd edition, 2006

Burke, Sandra, *Fashion Computing - Design Techniques and CAD*, Burke Publishing, 2006

Campbell, Hilary, *Designing Patterns - A Fresh Approach to Pattern Cutting*, Nelson Thornes, 1980

Cooklin, Gerry, *Garment Technology for Fashion Designers*, Blackwell, 1997

Cooklin, Gerry, *Pattern Cutting for Women's Outerwear*, OM Books, 2008

Fischer, Annette, *Basics Fashion Design: Construction*, AVA Publishing SA, 2009

Ireland, Patrick John, *New Encyclopedia Of Fashion Details*, B T Batsford Ltd, 2008

Knowles, Lori A, *The Practical Guide To Patternmaking For Fashion Designers: Menswear*, Fairchild, 2005

Knowles, Lori A, *The Practical Guide To Patternmaking For Fashion Designers: Juniors, Misses, And Women*, Fairchild, 2005

Lazear, Susan, *Adobe Illustrator for Fashion Design*, Prentice Hall, 2008

Lazear, Susan, *Adobe Photoshop for Fashion Design*, Prentice Hall, 2009

McKelvey, Kathryn, *Fashion Source Book*, Blackwell; 2nd Edition, 2006

Peacock, John, *The Complete Fashion Sourcebook: 2,000 Illustrations Charting 20th-Century Fashion*, Thames & Hudson, 2005

Riegelman, Nancy, *9 Heads: A Guide to Drawing Fashion*, Prentice Hall, 3rd edition, 2006

Rosen, Sylvia, *Patternmaking: A Comprehensive Reference for Fashion Design*, Prentice Hall, 2004

Seivewright, Simon, *Basics Fashion Design: Research and Design*, AVA Publishing SA, 2007

Stipelman, Steven, *Illustrating Fashion: Concept To Creation*, Fairchild, 2nd edition, 2005

Tallon, Kevin, *Creative Computer Fashion Design with Illustrator*, 2006

Travers-Spencer, Simon, and Zarida Zaman, *The Fashion Designer's Directory of Shape and Style*, Barron's Educational Series, 2008

Ward, Janet, *Pattern Cutting and Making Up: The Professional Approach*, 2nd edition, Butterworth-Heinemann, 1987

照片授权

在此，作者与出版商对于为本书提供照片的机构和个人表示感谢。我们竭尽全力保护各位的版权，但是难免有遗漏和错误，出版商会竭力在后续的版本中给予更正。

P9 Ayako Koyama
P10 Wayne Fizel
P11（上图）Wayne Fizel；（下图）Debenhams
P12 Look Book images, Patrick Lee Yow
P13 Toby meadows
P14 Worth Global Style Network
P15（上图）Senso Group；（下图）Ayako Koyama
P16&17 Vogue Patterns, courtesy of mcCall, Butterick&Vogue
P18-21 Ayako Koyama
P24-29 Photography by PSC PhotographyLtd.
P30-33 Tutorials by Ayako Koyama
P34-37 Ayako Koyama
P48（上图）Vanda Rulewska；（下图）Patrick Lee Yow
P49（上图）Mary Ruppert；（中图）Lynn blake；（下图）Martiza Cantero-Farrel

本书第二部分的服装款式图均由Ayako Koyama提供，Packshot.com提供白坯布造型图片。

作者致谢

特别感谢Ayako Koyama绘制了列表中所有服装的款式图；还要感谢Anne Stafford和Ayako制作精美的白坯布样衣。谢谢你们的专注、耐心和付出。此外，还要向Eleanor Warring表示衷心的感谢，是你在多年前把初次实习的我带入商业平面设计的世界，那时我还在读大学，刚刚接触服装设计，刚刚理解商业设计，一切都刚开始……

在此，我还要感谢如下个人和机构：

Jo Lightfoot
Anne Townley
Gaynor Sermon
Melanie Mues
Patrick Lee Yow
Wayne Fitzell
Vanda Rulewska
Sarah Bailey
Melanie Cunningham
Toby Meadows
Sean Chiles
Kathryn Kujawa
Bridget Miles
Mary Ruppert-Stroescu
Lynn Blake
Maritza Cantero-Farrell
Keith Jones at McCall, Butterick & Vogue Patterns (www.butterick-vogue.co.uk)
WGSN (Worth Global Style Network)
Kane Thornpson and Ann-Louise Tingelof at Senso Group, (www.Sensogroup.co.uk)